现代环境艺术设计与中国传统文化融合研究

姬长武　袁　静◎著

北京工业大学出版社

图书在版编目（CIP）数据

现代环境艺术设计与中国传统文化融合研究 / 姬长武，袁静著．— 北京：北京工业大学出版社，2018.12（2021.5 重印）
ISBN 978-7-5639-6542-7

Ⅰ．①现… Ⅱ．①姬… ②袁… Ⅲ．①环境设计－研究 Ⅳ．① TU-856

中国版本图书馆CIP数据核字（2019）第 023081 号

现代环境艺术设计与中国传统文化融合研究

著　　者：	姬长武　袁　静
责任编辑：	齐雪娇
封面设计：	晟　熙
出版发行：	北京工业大学出版社
	（北京市朝阳区平乐园 100 号　邮编：100124）
	010-67391722（传真）　bgdcbs@sina.com
出 版 人：	郝　勇
经销单位：	全国各地新华书店
承印单位：	三河市明华印务有限公司
开　　本：	787 毫米 ×1092 毫米　1/16
印　　张：	8.5
字　　数：	170 千字
版　　次：	2018 年 12 月第 1 版
印　　次：	2021 年 5 月第 2 次印刷
标准书号：	ISBN 978-7-5639-6542-7
定　　价：	46.00 元

版权所有　翻印必究

（如发现印装质量问题，请寄本社发行部调换 010-67391106）

前　言

设计不仅是一种商业行为，一种向社会提供服务的方式，而且是一种文化创造，是文化延续的手段。本书从大的文化角度审视设计，站在当代设计文化的角度审视传统文化与当代设计的关系，探索当代设计与传统文化相结合的发展之路。

自清末以来，每当面临外来文化冲击时，国内都会在不自觉间加大对传统文化研究的力度。不管出于怎样的目的，这种研究总归是好的，无论对传统文化是留，是弃，是扬，还是贬，都是学术界对当代社会的反思与探讨。也许是近年来研究的疲倦，或是受社会上一些浮躁气息的影响，学界对传统文化的研究深度不及当年。本书以一定的深度，力求通过理论与应用两方面分析，加深当代设计工作者对传统文化的认识，提高对传统文化符号的运用能力。

人是自然性与社会性的矛盾统一体，人的生存与发展离不开物质需求，更离不开精神需求。千百年来，处在不同发展阶段的人对此问题进行了经典论述，验证与总结前人对自然和人生的见解，阐述人类环境中的变与不变，形成了体系化的价值理念。生命的延续需要基因遗传与变异，文化发展离不开传承与创新。从古人对器物世界的规划到当代各行各业的设计，自然与社会、物质与精神始终是造物的重点。在本书中，笔者着重对传统文化精神进行分析，结合当代设计中传统文化的缺失，阐述传统文化的设计价值，探索两者融合之道。

中国当代设计是现代西方设计教育、现代科学技术快速发展与国内外商业市场激烈竞争背景下的产物，设计理论不能回归创造世界、创造文明的本质，就很难挣脱现实压力下要求设计求新、求异、求奇和求个性的摆布，传统文化与设计就成为侍奉资本的婢女。从现实中我们可以看到，一些品牌借助文化产业发展快车，打着文化的幌子招摇撞骗，大搞不伦不类的设计，并谓之"传统文化"，使受众日渐丢失辨析是非的能力。在这种情况下，当代设计对传统文化的导入、利用和扬弃便显得尤为重要且适逢其时。当代设计要造福于人，更要教化人，通过构建和规范符合当代社会环境的秩序，使社会各界各归其位、各安其职、各司其道。而当代设计理论研究多是停留在满足用户需求、探寻市场空位、促进经济发展、降低成本、优化作品结构、保护生态环境等层面，似乎传承文化只是口号，人文建设与之无关。设计理论研究应跳出艺术学、工学、经济学的框架，从哲学、文学、历史学、教育学等角度发掘设计在文化建设上的作用与价值。

目前，设计理论方面虽然对传统文化有一定的研究，但是还存在很大的研究潜力。首先，传统文化挖掘深度还可以再加深，应从设计创造人类文明的观念出发，重新审视工艺美术史或图案设计史等。传统文化的设计研究并非局限于器物形态之上，大量的传统文学论著中展现出的智慧与精神也应被引入。正如习近平总书记所讲的，"要通过研读优秀传统文化书籍，吸收前人在修身处事、治国理政等方面的智慧和经验，养浩然之气，塑高尚人格，不断提高人文素质和精神境界"。在构建当代和谐社会秩序的重任下，没有吸收传统优良品质的度己，何来构建新秩序的度人？其次，设计理论往往以设计环境条件的限制为由，不能很好地联系实际、指导设计。本书就上述问题以设计的眼光去审视文明发展，并理论联系实际，结合设计工作者在设计实务中常见问题，努力做到实用。

  本书以现代环境艺术设计与中国传统文化融合为主题，首先概述了环境艺术设计概念与发展历程，然后分析了传统文化与当代设计的关系，并对当代设计对中国传统文化的传承与发展进行梳理，之后探讨了中国传统文化与当代设计融合的方法与途径，最后对传统文化元素对当代设计的启示进行研究和总结。即便如此，本书仍为一本概论，在具体问题上还需后续大量工作。

编　者
2018 年 10 月

目 录

第一章 环境艺术设计概念与发展历程 ················ 1
第一节 关于设计 ················ 1
第二节 环境艺术设计的基本概念 ················ 3
第三节 环境艺术设计的属性与特征 ················ 9
第四节 环境艺术设计的发展 ················ 14

第二章 传统文化与当代设计的关系研究 ················ 30
第一节 文化与设计的关系 ················ 30
第二节 当代设计的特征 ················ 34
第三节 当代设计语义与中国传统文化 ················ 38
第四节 中国当代设计与传统文化融合的必要性 ················ 41

第三章 当代设计对中国传统文化的传承与发展 ················ 45
第一节 解读中国古代文化艺术思想与设计的传承观 ················ 45
第二节 当代设计——穷则变，变则通，通则久 ················ 60
第三节 当代设计"言有尽而意无穷"的气韵之说 ················ 62
第四节 儒释道思想对当代设计的影响 ················ 66

第五节　中国传统文化中的审美意识与当代设计理念……………… 77

　　第六节　中国古代方圆设计与现代产品设计……………………… 92

　　第七节　中国传统文化与非物质设计……………………………… 95

第四章　中国传统文化与当代设计融合的方法与途径……………… 101

　　第一节　传统文化与当代设计的矛盾分析………………………… 101

　　第二节　大融合的设计……………………………………………… 103

　　第三节　恰如其分的元素结合……………………………………… 104

　　第四节　对传统符号元素的再设计………………………………… 106

　　第五节　对传统工艺、艺术手法的借鉴…………………………… 109

　　第六节　对传统思维方式的借鉴…………………………………… 110

　　第七节　对传统美学思想的借鉴…………………………………… 111

　　第八节　对传统文化精神的解读与把握…………………………… 111

　　第九节　中国传统文化与当代设计的误区………………………… 115

第五章　传统文化元素对当代设计的启示研究………………………… 118

　　第一节　竹文化对当代设计的启示研究…………………………… 118

　　第二节　中国传统家具结构对当代设计的启示研究……………… 121

　　第三节　"回青瓷"审美艺术对当代设计的启示研究……………… 123

　　第四节　流散中的客家审美文化对当代设计的启示研究………… 125

参考文献…………………………………………………………………… 130

第一章　环境艺术设计概念与发展历程

第一节　关于设计

一、设计的基本概念

谈环境艺术设计还是要从设计谈起。

"设计"就字义来解释是"设想"和"计划"的意思。设想是指人们对某项实践活动欲达到的预期效果的构想，计划是人们为了达到构想的预期效果而准备采用的方法和步骤。

王受之先生在《世界现代设计史》中谈道："设计，就是把一种计划、规划、设想、问题解决的方法，通过视觉的方式传达出来的活动过程。它的核心内容包含三个方面：①计划、构思的形成；②视觉的传达方式；③设计通过传达后的具体运用。"从中，我们看到设计包含构思阶段、行为过程和实现价值这三个阶段。通过这三方面的共同作用，我们可以得到若干我们期待的结果：或给予了产品附加价值，或解决了某一现实问题与功能，或得到了某种有意味的形式，或改善了人机关系，或提升了生活品质，等等。

随着社会生产力的提高、社会经济水平的发展以及社会关系的变化，设计的内涵也发生着相应的变化：设计从最开始只是以单纯的解决现实问题为目标，在发展过程中逐渐渗透了人们的审美意识和创新意识，从而具备了艺术的特性，随后在社会的进步、市场经济的发展中，又具备了引导消费、增加产品附加值的功能，融入了实用价值与经济价值，又在人类技术力量与自然力量的较量中扮演着由某种价值观来决策人类生产、建造和规划动机的角色，最终，设计成为解决问题的艺术。回顾人类文明的发展史，可以看到人与环境之间关系的转变：从适应自然环境到改造自然环境再到人与自然环境互动；从被动潜意识的改善到主动积极的创造；从单一的功能需求到复杂的功能满足；从低层面的物质需要到高品质的精神追求。

设计是人类对世界认识的反映，是人类获得治理世界权利的反映。她是美丽的，因为她包含了人类自身丰富的情感；她是严肃的，因为她拒绝我们任意妄为；她也是前卫的，因为她代表着当今各种价值观念的碰撞。

二、现代设计的三大类型

按照设计与人文科学、自然科学、社会科学三大学科的相互关系，形成了设计的三大类型。

类型一的视觉传达设计是在人类社会环境中，为人们的信息沟通、交流提供技术手段的设计系统，这一系统在社会环境中发生，几乎不会占用自然资源，是处在最里层的设计系统。

类型二的工业产品设计是利用自然资源和科技手段，创造和研究为人们生产和生活提供各种方便的产品，这一系统涉及人和社会之间的相互关系，要占用一定的自然资源作为原料，是处在第二层次的设计系统。

类型三的环境艺术设计则是通过对空间环境的设计来改善人类的生存条件，是三个体系中最宏观的系统，它把触角从社会延伸到了自然等各个方面，甚至也会涉及前两个体系中的一些领域，是对所有设计的整合。

三、设计学习中的误区

在设计学习过程中，我们常对这几方面产生误解。

首先，在设计的构思阶段，我们要认识到设计与单纯的艺术创作是有区别的。设计是带有主观思想并围绕一个具体功能和问题而展开的一个创意活动，因此，它与艺术创作最大的区别就是它具有条件限制这一特性。这个条件来自对功能的要求、问题的缘由、实现的可能性等现实需求和要求。所以，设计不能也不可能任由设计者的主观思想来主宰其发展。不仅如此，设计往往还要受到业主、技术水平、经济水平的制约，与社会经济发展和文明程度息息相关。虽然在设计的构思阶段，我们的艺术性创造思维也有可能成为主要的思维方式，艺术规律中的形式法则也常是我们设计审美和形势判断的法则，但是，在当今的设计中，这已经成为设计构思阶段的一个部分而不是全部，并且，设计案例中的艺术性创造思维还要接受上述设计条件的检验。一句话，设计活动的主题是围绕着设计对象展开的，设计工作者只是发现并创造其主观能动性，与艺术创作有根本区别。

其次，在设计的行为过程阶段，我们要明确不能用单一的美术表现来替代设计多维的、多解的、理性的分析过程。诚然，设计表现是设计外在成果的表达，但它不能替代设计思想的灵魂。长期以来，学生们对设计深刻含义的理解往往被几张表现图或效果图替代，学习中也以能否绘制漂亮的图纸和对电脑软件熟练与否作为判断设计能力高低的标准，甚至他们学这些比学设计的思想更为热心。这些都是对设计的误解，这样的误解只会导致设计思维能力的惰性而使他们日渐失去真正的设计本领。

最后，在设计的实现阶段，我们要清楚设计与技术之间的关系。设计是一项综合性脑力劳动的过程，其中包含对装饰工艺、工种、技术的完善，会产生技术与工艺美感，甚至是某一设计结果的主要方式。我们要知道，设计虽然与技术有不可分割的关系，但技术上的完善并不能代表设计思想理念的完善。虽然有了技术的参与就能更好地体现设计的意图，但设计创作是更具有策划价值的创意行为，我们对技术的投入并不代表已经完成了对设计本身的投入，两者有本质的区别。

在学习和运用一门技能的过程中，我们的确要经历对事物的认知、理解和实践的过程。对设计师这个充满挑战和机遇的职业来说，更有一个从陌生到熟悉、从喜爱到钟情的情感历程。在这个历程中，理性与感性、艺术倾向与技术倾向的相互交织，推动着设计这个充满魅力的学科向前迈进。

第二节　环境艺术设计的基本概念

一、环境的基本概念

环境是人类赖以生存与发展的基本空间，是人类进行一切活动的基础条件，也是人类按自身的理想不断改造和创造的对象。根据自然科学、人文科学、社会科学的综合研究成果，我们从三个系统来理解环境的概念与范畴。

（一）自然环境

"从广义上讲，自然环境的范畴包含我们能认识到的世界一切物质存在，大到整个宇宙，小到微观的基本粒子；从狭义上讲，自然环境就是未被人类开发的原始形态领域，也就是由山脉、平原、草原、森林、地域、水滨等自然形式的地表形态，和风、雨、雪、霜、雾、阳光等自然现象共同形成的生命系统。地球就是以人为中心的环境系统——岩石圈、大气圈、水圈三个圈层在太阳光的作用下形成的维持生命过程相互渗透制约的生态圈。"

作为一名环境艺术设计工作者，我们必须看到自然环境所具备的如下价值。

①生态价值：自然环境具有天然的保持水土、调节气温、净化空气、绿化环境、消除污染以及保护生物多样性的功能。

②经济价值：自然环境给人类带来能源、生产和生活的一切原材料。

③科学价值：自然环境是教育、考察、科研的活材料和人类见证历史、预知未来的重要依据。

④艺术价值：自然环境以最本真的方式陶冶人的性情。出于社会经济的高速发展和精神的需求，人们渴望从人工环境中脱离出来回归自然，进行游览、观赏，并激发新的创造热情。

重视环境的价值是我们应具备的正确的价值观，我们应谦虚地认识自然环境，去挖掘、发现其潜在的价值。

（二）人工环境

"人工环境是人类为扩展自己生存的空间而征服自然的产物，从传统的农牧业到近现代的大工业，为人类单方面的需要，建筑起形形色色、风格迥异的房屋殿堂、堤坝桥梁，组成大大小小无数的城镇乡村、矿山工厂——所有这些依靠人的力量，在原生的自然环境中建成的物质实体，包括它们之间的虚空和排放物，构成了次生的人工环境。"

人工环境的主体是建筑。随着人类掌握的科技手段的不断增强，建筑的体量、规模、形态都达到了前所未有的程度。而建筑、城市、园林形态的参差多样，主要是受到宗教、思想以及技术的影响而在不同的历史时期展现出的结果。建筑的形式改变着地表的形态并造就了现代物质文明，人们的生活水平也达到了前所未有的高度。人工环境和自然环境是相互依存、相互影响的。通过人类工业时代的历史，我们看到人类无节制和无序的发展，带来自然灾害频度加速、臭氧层空洞出现、全球变暖等我们无法预知的结果，这些都证明人工环境的建造没有能够完全做到与自然环境的共融共生。

展望未来，人工环境还将继续发展。其如何与自然环境共融共生，将是人类发展的主要议题。在人工环境的建设道路上，人类还需要突破许多难题。

（三）社会环境

社会是以共同的物质生产活动为基础而相互联系的人们的总和。人是最名副其实的社会动物。人不仅是一种合群的动物，而且是只有在社会中才能独立的动物。人的社会属性使环境艺术设计中充满了人文特色。

环境艺术设计的很多内容是在社会环境中发生的。王建国在《城市设计》中精辟地谈道："空间关系虽然是城市规划考虑的重点，但这并不是单纯的物质形体空间，而是由社会经济关系中生长出来的空间，或者说是社会经济关系在城市空间上的'投影'。"

与自然环境、人工环境这两大物质领域范畴不同的是，社会环境属于意识形态范畴。人类社会在漫长的历史进程中，受到不同的原生自然环境与次生人工环境影响，形成了不同的生活方式和风俗习惯，造就出不同的民族文化、宗教信仰、政治派别，受着人类主观认识世界的不同思想、方法的影响。在东方，社会环境按地域人文分为三大块：以中东为中心的伊斯兰文化圈，印度和东南亚文化圈，中国、朝鲜和日本文化圈。在西方，形成以基督教文化为主的欧洲文化圈。环境艺术设计不能脱离这些文化，创作中会自然地反映出这些文化。人们在生活的交往中，组成了不同的群体，每个人都处在各自的社会圈中，从而构成了特定的人文社会环境。人文社会环境受社会发展变化的影响，呈现出完全不同的形态，从而影响了人工环境的发展。

社会环境的存在与环境艺术设计所形成的密切关系使我们必然要对社会中各种现象、潮流有敏锐的观察力。因为它是隐性的、不外显的，是初学者不容易体会到的内容，因而设计中的社会调研等前期工作尤其重要。

以上我们从自然环境、人工环境和社会环境对环境的概念进行了阐述。然而在现实生活中，它们的关系并不是截然分开而是调和在一起的，人类在发展人工环境的同时，受到其他两个环境的制约和影响，这也正是环境艺术设计必须面对的问题。同时，环境艺术设计作为一支力量也在社会环境中起到推动的作用，我们称之为环境艺术设计的反作用力。

设计对环境的反作用力成为设计研究的一大课题并特别体现在文化、价值观对经济增长的作用上。世界博览会等大型综合性的社会活动的策划更集中地反映出人们对环境的意识越来越呈现多维度、多层次的境界。三个环境的关系映射在城市肌理上，如同一张铺开的网，每个联络的点上都反映出设计的反作用力。

二、环境艺术设计的含义

环境艺术是人类对生存环境的美的创造。它必须植根于特定的环境，成为融会其中并与之共生的艺术。吴家骅先生在《现代设计大系：环境艺术设计》中谈到其要解决的问题时说："环境艺术设计要解决的问题，用一句话来定义，就是以建筑等限定空间的构造物为'界面'，从这个界面内外两个方面的空间认识出发，来营造和优化人居环境。"

人类理想的生活环境应该是生态系统的良性循环、社会制度的文明进步、自然资源的合理配置、生存空间的科学建设。这中间包含了自然科学和社会科学涉及的所有研究领域。尹定邦在《设计学概论》中谈道："环境艺术设计，从广义上讲，是指以环境生态学的观念来指导当今的艺术设计，是具有环境意识的艺术设计。从狭义上讲，环境艺术设计是指以人工环境的主体建筑为背景，在其内外空间展开的设计，按其空间的性质可分为建筑景观和建筑室内两个部分，按解决问题的性质、内容和尺度的不同，它又包含城市规划设计、建筑设计、园林景观设计、室内设计及公共环境艺术等几个板块的内容。"

鉴于"环境艺术设计"是一门新兴的学科，目前为止，虽然没有对环境艺术设计公认统一的定义，根据我们的认识和经验至今尚不能说是完美肯定，但我们通过结合对设计这一词汇的深刻理解做如下总结。

①作为人类一项建设活动，环境艺术设计是指以构成人类生存空间为目的，根据人们在物质功能、精神功能、审美功能三个层次上的要求，运用各种艺术和技术手段解决处理土地和其上的物体与空间的设计，并用图纸、模型、文件等形式表达出来的创作过程，是一门为人创造安全、高效、健康、舒适环境的科学与艺术。

②作为一种价值观念，从宏观层面来讲，它涉及整个人居环境的系统规划；从微观层面来讲，它关注着不同场所、不同功能、不同人群的相互关系和相互作用；从艺术角度来讲，它激发着人们对生活的美好情感；从技术角度来讲，它帮助人们加强控制和治理环境的能力。

③作为方法论，环境艺术设计以原来的自然环境为出发点，以科学与艺术的手段协调自然、人工、社会三类环境之间的关系，使其达到一种最佳的运行状态。

三、环境艺术设计的主要内容

（一）城市设计

从广义看，城市设计指对城市社会的空间环境设计，即对城市人工环境的种种建设活动加以优化和调节。城市设计的主要目标是提高人们的生存空间的环境质量和生活质量。相对城市规划而言，城市设计比较偏重于空间形体艺术和人的知觉心理。不同的社会背景、地域文化传统和时空条件会有不同的城市设计途径和方法。

在环境艺术范畴中，城市设计是指对城市环境的建设发展进行综合部署，以创造满足城市居民共同生活、工作所需要的安全、健康、便利、舒适的城市环境。城市设计包含社会系统、经济系统、空间系统、生态系统、基础设施五个方面。前两种是隐性的，属于政府针对城市文化特点、经济发展规律而制定的决策型规划，后三种是显性的、具体的设计项目。在理工科院校中的城市规划学科是包括了经济学、社会学、地理学等以研究城市、城乡规划与建筑设计的综合性学科，倾向于城市的广义特征；在以艺术院校为代表的文科院校，环境艺术设计学科更关注城市设计的物质内容，即对城市社会的空间设计，更倾向于城市设计的狭义特征。

（二）建筑设计

建筑设计指在建筑物或构筑物的结构、空间及造型、功能等方面进行的设计，包括建筑工程设计和建筑艺术设计。前者是通过技术手段以解决建筑作为人类赖以生存的栖息场所必须具备的承重、防潮、通风、避雨等功能，后者是通过艺术思想，研究建筑作为人类寄予生存理想的载体所展现的风格、气质和形态。

（三）园林景观设计

园林景观设计指建筑外部的环境设计，包括庭院、街道、公园、广场、桥梁、滨水区域、绿地等外部空间的设计。现代景观设计是针对大众群体，研究城市与自然环境协调发展的学科，包含视觉景观形象、环境生态绿化、大众行为心理三元素，具有规划层面的意义。呈现出城市规划、建筑、维护管理、旅游开发、资源配置、社会文化、农林结合等学科交叉综合的特点。

（四）室内设计

室内设计系建筑物内部的空间构成、功能要求、样式风格的设计，也包含家具的设计。一般来讲，室内设计按照使用类型分为居住空间、工作空间、公共空间、展示空间四大类型。

（五）公共艺术设计

公共艺术设计指在开放性的公共空间中进行的艺术创造与相应的环境设计。这类空间包括公共大厅、街道、公园、广场、车站、机场等室内外公共活动场所。它的设计主体是公共艺术品的创作与陈设，也包括作为城市元素的市政设施设计。

总结以上内容，我们可以知道，环境艺术设计学科的内容非常丰富，它与现代意义上的城市规划的主要区别在于城市规划更主要关注社会经济和城市总体发展计划，而环境艺术设计则侧重于具体空间形态的建构，比较偏重于空间形体艺术和人的知觉心理。与景观设计不同的是，环境艺术的设计门类更为广泛，在具体实施中，它需要借鉴景观学，更善于综合地、多目标地解决问题，更鼓励设计师发挥艺术灵感和艺术创造，强调艺术地解决问题。

四、环境艺术设计的研究对象

（一）实　体

环境艺术设计是以满足某种实用功能为前提的，而实体是实用功能的载体。因此，它的第一个研究对象便是实体。狭义讲，实体主要是指人能进入其内，解决避风雨、各种社会关系的围合体量。广义讲，实体包含了人为环境中的所有建构，分为以下三大类。

1. 建筑实体

建筑为人所造，供人所用。建筑提供的空间是由物质材料构成的。所以，研究建筑就是对构成建筑的材料、技术、形式、功能的研究。

建筑具有功能性、时空性，作为文化的一个重要表现体，具有民族和地域的特征，呈现出多姿多彩的面貌，在环境艺术中具有对场所进行定义的重要功能。一个建筑实体不仅要解决自身的功能问题，还要考虑环境中的场所形象的问题。

构筑物是指人们不直接在内进行生产和生活但却能供人们休憩、停留的人为构筑实体，如亭、廊、桥等，起到建构空间形态的作用，在景观设计中运用广泛。与建筑最大的区别是它的围合程度远低于建筑实体，和环境保持充分的交流，具有通透性、互动性强的特点。在尺度、材质、造型上灵活多变，起到活跃环境的作用。

2. 标识物

标识物指的是在环境中起到引导、标志、识别作用的人为构筑实体，如雕塑、纪念碑、钟楼、牌楼等。这些标识物往往是一个场所中具有精神指向功能的实体，与空间、场所紧密地联系在一起。

3. 附属设施

附属设施包含座椅、电话亭、垃圾箱、装饰小品等。虽然它与空间规划没有直接的关系，但与人的行为却密不可分，也是环境艺术中重要的实体研究对象。

（二）空　间

与建筑实体相比，空间是虚体。然而，正是空间这个肉眼看不见只有用心感受的对象给环境艺术设计带来了无穷的魅力。它承载着对空间的阐释、组织、营造等多样的内涵。在场所中，正是实体与空间合理、有效的组合、搭配，构筑着人为环境的理想世界。并且，就是实体本身，如建筑也具备内部空间使用价值。所以，毫不夸张地说，无论是室内环境还是室外环境，都是对空间形态的研究和追求。

空间的本质在于：

①容纳性，容纳人与物并构成一定的内在关系；

②内向或外向，用围合或开敞的手法引导人的心理归属；

③运动的，空间的转承、启合变换带来视觉的丰富体验；

④自我的，也是成为人或事物的背景，可以独立存在也可以依附于构筑物，空间可支配物体也可为事务所主宰；

⑤排斥力，空间具备的场所感排斥一切非空间意象的存在；

⑥可用来激发情感或产生一系列预期的反应；

⑦局部与整体，再单纯独立的空间都要与整体发生关系。

对空间的研究是环境艺术设计的重要内容，实际上它包含了环境设计的各个方面，对场所性质的理解与表现是空间的基本功能，对空间情趣的营造则是空间的艺术性体现，这两个方面构成了空间研究中两个相互关联但又相对独立的部分。

另外，对空间研究的层次非常丰富，仅从尺度这一个内容就可以看出其内容的多样性。我们要研究、探索的空间内容还有很多，越是对空间进行深入的研究，越会发现设计的多种可能性。

（三）行　为

行为是环境艺术中非物质形态的研究内容。环境艺术设计最终的服务对象是人，任何环境离开人的参与和使用就变得毫无价值。所以，我们要定义和理解一个场所或空间前必定先要充分分析环境中人的行为，并且围绕人的行为方式来展开对环境的建构。

显然，对行为的研究是非常重要的，虽然它不是物质形态，但却能够决定物质形态的组成和建构方式。

我们研究人的行为是为了找到设计的本质、缘由和方法。设计理论的不断发展让我们越来越认识到人的行为是设计中一个非常活跃的、动态的因素，并且它也有自身的规律，只有在设计重视了人的行为本身时，设计成果才具有存在的价值和意义。马斯洛的"需求理论"认为，人的需求从低级发展到高级可分为五个层次，呈阶梯发展：生理需要—安全需要—归属和爱的需要—尊重的需要—自我实现的需要，而环境艺术设计的实用功能和精神功能从不同层面上满足了这五个方面的特征。人的行为和环境空间发生着多样复合相互影响的关系。

人的行为的丰富源于心理需求因素的丰富，表面上看来仿佛是同样的行为，但也有心理需求上的差异，所以对人行为的研究也包含了对人的心理需求的研究。不同身份、职业、年龄的人在不同的空间中都会产生各种心理感受和行为反应，因此，设计师不仅要研究空间，还要研究人的行为反应，二者的结合才能产生成熟的设计成果。

　　从某种角度说，"环境"可以被看作是一种精神建构、一种环境意象，每个人都有各自不同的创造和评价。意象是个人经验和价值观过滤环境刺激因素这一过程的结果。通过对人的行为的研究，将环境作为人的体验载体产生的一系列营造手段，引导人产生某种意象——这一过程以人为主体贯穿于环境艺术设计的始终。

　　另外，随着现代主义建筑在使用中问题的不断暴露，环境空间的安全性问题、可识别问题的研究也日益迫切。这些也都给环境行为学提出了新课题：环境行为的研究又促成了如何创造新型的空间形态，如出现"景观办公室"和"中庭空间"等。人的行为越来越成为设计中含金量比重最高的领域。

（四）自　然

　　实体、空间、行为都是对人和人文环境的研究，但我们不要忘记人并不是孤立地生存在地球上的，我们非常清楚我们的行为目的——人对环境的改造中的一切活动都是在探索怎样顺应和利用自然。因而，自然的一切必然成为我们了解和认识的重要内容。特别是在景观园林的范畴，关于自然中的风、水、土我们都要抱着谦卑的态度去仔细分析研究，并且把对自然的研究带到实际的人为环境的建造中，使其成为具体设计实践的指导方向，并更多从整体性的角度考虑协调发展。

　　对自然的研究我们可以分为以下几个方面：①地形；②水土；③气候；④植被。

　　设计过程中与自然发生着种种不可分割关系的有：①废弃物处理；②能源的利用；③材料的环保；④自然与人工环境空间的交融。

　　由此看来，我们的设计不仅不能脱离自然孤立存在，而且是一旦我们重视和利用好了自然，必定会给我们的生产和生活带来巨大的益处。

第三节　环境艺术设计的属性与特征

一、环境艺术设计的属性

（一）生态的属性

　　在英语中，"生态"（ecology）一词源于希腊语中的"oikos"，是"家"的意思。这一定义的扩展是对所有有机体相互之间以及它们与其生物及物理环境之间关系的研究。人类是有机体，因此也处在生态体系中。之所以要对我们所生存的环境进行设计，是为了使人们得以平等共享和确保对未来的发展能力。在设计领域，最大限度地改善和影响人们生活的就是环境艺术设计，它不是装点门面的小技能，而是越来越成为承担起人类发展前途使命的行业规划。因此，关注怎样艺术地生存和怎样和谐地可持续发展成为学科的核心价值，这就注定了环境艺术设计的生态属性。这一属性奠定了我们所做的一切实践工作都是在研究人类之间以及人类与其环境之间的相互作用。

在时代发展的语境下，城市与乡村以及自然与人文之间的日渐混同，在协调土地、水以及空气的利用上的矛盾冲突时，从空间、功能以及动态观点来理解环境设计就成了关键。我们必须习惯于用这样的问题来检验我们的作品：在我们的决策和设计中，谁受损，谁受益？因为环境艺术设计的生态属性迫使我们要顺从这样的属性，否则，我们的设计便成为垃圾。从地球形成开始，所有生命逐渐形成一个相互作用平衡的网络。作为一个活着的人，不可避免地与其他有机体和生物相联系，实际上我们的生存完全依赖于地球上那些尚未开发的景观区域的生产力。假设它们维系生命的功能丧失或衰竭到不可收拾，那么我们也将不复存在。规划师、社区设计者等环境设计师应尊重环境的生态属性，应全力保护自然景观、保护景观的完整性以及景观中水和空气的质量。

国外先进的设计理念和对环境艺术设计的生态属性的深刻认识非常值得我们借鉴和学习。

（二）文化的属性

人类通过社会实践活动创造了文化。文化一词来自拉丁文的"culture"，其内涵是极为复杂的，包括知识、信仰、艺术、道德、法律、习俗，以及作为一个社会成员的人所获得的其他一切能力。文化包含了人类社会的各种智慧结晶，如知识、行为、物质存在，以及凝结在这些存在中的思想意识蕴涵，当然也包括了建筑及其环境的设计和发展。

构成环境艺术设计的因素很多，可以大略分为三个层次，以建筑为例，包含以"形"为主的建筑物和环境设备等，以"意"为主的建筑情感、场所意识、环境意识、环境观念、建筑思想等，以"形""意"相结合的营造技术、营造制度、设计语言、建筑艺术三个方面。若从文化学的角度来讲，也就是文化构成因素的物质方面、心物结合方面、心理方面这三个部分。

环境艺术设计具备文化的属性，特别对其"意"有着必然的联系，我们可以通过环境的种种物质形态来揭示其所蕴含的各种思想意识，反过来，我们也可以应用环境的种种形态来反映出或营造出我们所向往的文化。

人们所知的社会是环境艺术的背景。一方面人创造了社会，另一方面社会又促成了人们的基本思想意识观念，而不同的社会环境又形成了不同的人的基本思想意识观念，其中，包含了建筑以及其环境的文化意识观念。这就是存在于环境艺术设计中的文化属性。社会环境包括社会物质环境、社会制度环境、社会精神环境，这些不同形态的社会环境都直接影响着人们建筑环境文化意识形态的形成。同时，社会环境也包括不同群体规模的社会环境，即国家、民族或地域、社会团体或家庭，而具备不同社会内涵的群体也基本规定了人们建筑文化意识观念的内容。环境艺术设计反映着文化特色，其本身也是文化的一部分，因此，环境艺术设计既是文化的产物，也是文化的体现，是社会体系的上层建筑之一。

人类各区域的环境艺术文化是由同一走向区别、又从区别走向同一的。谨慎地看待环境艺术设计中的文化属性，特别是在当今世界趋同的潮流中，本土文化渐行渐远以至于流失，我们的环境，特别是城市环境更像是在"沙漠地带"，我们更应从塑造文化的角度来看待设计的特殊价值。并且，一个区域的经济技术、民主制度发展水平越高，区域化的环境艺术文化属性就会越强，就会产生强烈的文化感染力。

环境艺术设计的文化体系主要是由建筑文化内涵组成的系统，或简言之为建筑文化要素结构系统。由于建筑文化是关于建筑的意识形态的东西，因此其作为文化要素可以讨论的方面主要有建筑哲理、建筑伦理、建筑心理等。

（三）时间的属性

环境艺术设计的时间性，也即时代性或历时性、阶段性等。

世上客观存在的事物，包括有机物和无机物，都必然是有生命发展阶段的，即有形成、发展和消亡的过程。无论是人类的环境总体，还是任何区域的环境总体，都是以某种性质和内涵为主导的，并且总是由时间的演绎进程中形成的意识观念所组成的。环境艺术设计的主体和载体都是有机的人，其存在的历时性质就更显著、更明确，有生命的历时痕迹将在建筑文化的发展道路上留下不同特征的醒目的印记，成为环境艺术设计发展的标志。

我们可以强烈地感受到，环境设计总是某一特定区域的一定时期的产物，它的时代性特征非常强烈。环境艺术设计的这一属性，使任何一种环境设计包括城市设计、建筑设计往往以说那个时代的名称来代替，如西方建筑的古典主义时期、现代主义时期等，都是以某种建筑文化思潮来代表所流行的那个时代的建筑和环境艺术设计。而任何一个时代都有其产生和发展的过程，在这一发展过程中，它主导着这一时期的环境艺术设计的总体内容，包括建筑构件、建筑体量、建筑风格、建筑群落、城市规划、空间形态、行为方式等。所以，环境艺术设计除具备生态、文化的属性外，还具备四维空间意义的时间属性。

因为时间属性的内容与环境艺术实践创作的关系紧密，后面第四章还会深入谈及这方面的内容。

二、环境艺术设计的学科特征

（一）系统性与广延性的统一

环境艺术设计是与人类生产、生活密切相关的综合性学科，是多学科交叉的系统的艺术。城市与建筑艺术、绘画、雕塑、工艺美术以至园林景观之间的相互渗透促进了环境艺术的形成和发展。相关的学科涉及城市规划、建筑学、艺术学、园艺学、人体工程学、环境心理学、生态学、地理学、气象学等众多学科领域。同时，环境艺术设计学科并不是这些知识的简单、机械的综合，而是构成一种互补和有机结合的系统关系。从它内容的五大板块中我们能够看出每一个板块都具有严谨的内在规律，并且彼此之间是相互影响、互为前提的。

前面我们谈到环境艺术是一个多门类、多层次的专业，这本身决定了它必须反映出"有机整体"的特征来。我们可以从内部和外部两方面来看它的整体构成。

设计学科的系统性与广延性决定了它的边缘性，它涉及人类学、社会学、心理学、哲学、美学、逻辑学、方法学、思维科学和行为科学等众多传统学科。而环境艺术设计是在人工环境与自然环境两大范畴的边缘产生的，因此它的专业知识范畴也处于众多的自然学科和社会学科的边缘。建筑学、城市规划、生态学、环境科学、园林学、林学、旅游学、社会学、人类文化学、心理学、文学艺术、测绘、计算机应用技术等都成为环境艺术设计可利用和借鉴的营养来源。

另外，多方专业人士的参与也体现出其学科专业的综合性，培养的人才也是综合应用多学科专业知识的人才，这也是学科的广延性特点。它不仅向建筑学和城市规划人士开放，也向其他具备自然学科背景或社会科学背景的人士开放，持各种专业背景的人都有机会基于各自的学科基础从事环境艺术设计实践，它并没有固定的模式与严格的专业界限，这又体现出它的广延性特征。同样，环境艺术设计专业培养的专业人才也向以上的专业领域渗透，显示出边缘性学科强大的生命力。

艺术设计系统是由众多不同的子系统组成的，每个子系统又自成体系，我们称之为专业方向。研究环境艺术学科的任务，除了要努力掌握各系统的共同规律之外，也要尝试了解相关专业方向的特殊规律，这不但有利于对系统的深入了解，也有利于把握各专业方向的特点和规律。

在艺术领域，各门类之间相互联系和融通的现象是普遍存在的。不同艺术之间的联系和融通，存在着多种不同的方式。主要方式大致有以下两种：一是吸收与借鉴；二是相互配合。

环境艺术在与其他学科相互吸收、借鉴与配合下，向其他相关学科倾斜，走出各具特色的专业之路。

（二）技术与艺术的统一

从环境艺术设计的发展史中我们得出一个结论：任何历史时期的环境艺术设计，都是技术力量与艺术力量综合影响的产物。环境艺术实用功能的现实要求使它会运用到最先进的技术手段，而它艺术的追求使其深深地打上了文化的烙印。

就好比我们不用去讨论一个孩子是属于父亲的还是母亲的一样，我们也无须再在环境艺术设计是属于艺术的还是属于技术的问题上纠缠，也不必去深究它到底是属于理科还是属于文科，因为它本身就是这二者的结合体。

虽然我们无法全面系统地罗列环境艺术设计中所有技术和艺术的元素，但是我们却非常明确一个观点，正如法国作家福楼拜曾经预言的："越往前进，艺术越要科学化，同时，科学也要艺术化，二者从基底分手，回头又在塔尖结合。"伴随环境艺术中环境声学、光学、心理学、生态学、植物学等新兴科技的出现，我们将其应用于环境艺术设计中，同时又深刻地理解艺术领域中关于语言学、传播学、符号学等学科的价值，使环境艺术设计的技术性和艺术性结合得更加完美。

（三）感性与理性的统一

环境艺术的审美过程是一个多维度的感受与认识，是感性与理性的统一。感性是基于个体的体认过程而言的，不受条件的约束，而理性离不开现实，离不开历史，讲求因地、因时、因人的各种条件的前提性。所以，我们常说艺术的本质是："带着锁链的舞蹈"，是"放飞在空中但仍牵线于手中的风筝"，它是感性与理性的矛盾统一体。

设计师要不断地将自己的想法拿到实践条件中去检验、核实、论证，使理性与感性思维逐渐达到统一，设计的成果才能进一步得到贯彻。

我们从设计的定义中看到，设计是一种设想与计划，是"为达到预想的目的而制订的计划和采取的行动"。人类根据预想的目的来从事实践活动，只有人类才具有自觉的创造性行为。这也就决定了我们做任何环境设计都不是凭空发挥的，而是有目的、有计划的。它的形成不是简单的形式堆砌或任意发挥，而是基于场地各种条件准确而经济地应用设计语言。同时它也不是机械地做算术加减法，而是在过程中通过感性的个性表达来张扬环境的场所特色。它鄙弃复制、拷贝，推崇独创、出新。

细分环境艺术设计中感性与理性的具体内容，我们可以大致理出这样的思路。环境艺术设计中感性与理性的成分往往是相互交织的，它不仅体现在创作上，也体现在审美和评价上，是多种思维的综合表现。设计水平的巨大差异也是缘于这诸多思维能力的差异。

（四）物质与精神的统一

事物的存在有三种形式：一是物质；二是信息；三是能量。环境艺术设计作为事物的主导形式是物质。我们说建筑首先是物质的，是指它总要占有空间、技术、能源以及物质材料，最后才能成为一个具备某种现实功能的实体而存在。作为一个"物"，它本身不能脱离物质，因而具备物质性；使用它的"人"，也是以物质的形式存在的，"人"也有对物质有需求，也有物质活动。所以相对精神性，物质性是它存在的首要特征。

同时，环境艺术也是艺术的一种表现形式，它必须满足人的精神需要。这是它存在的次要特征，是由于人的精神活动和文化创造而使环境向特定的方向转变，从而形成特定的风格特征。

第四节　环境艺术设计的发展

一、关于环境艺术设计的历史

环境艺术设计的历史是人类理解环境并用自身的力量构造环境的历史。它是人类的思想与意识的发展过程，是掌握技术手段的进步过程，也是人类栖居形态的演变过程。

我们从漫长的设计历史的学习中，反思并正确地评价我们现在所处的历史位置，总结我们拥有的力量，确立我们的立场。用历史整体性的眼光来看，环境艺术设计史展现的是人与环境之间在各种外力、内力作用下关系的演变，这个演变也正是人作为最高级的生物形态去主动影响改造环境的过程。

我们在学习史论的课程中，强调的内容不应是生硬的记背环境艺术的面貌特征，而应是理解这些面貌特征的发生缘由，把风格演变的内容自然融合到发生的缘由中去理解。建筑及环境艺术设计发生的动因是求知的重点，将设计史与美术史、科技史、社会史、文化史联系起来研究，将对设计史的研究放置在对社会背景的研究上是研究设计史的重要手段。同时，也要注意比较、分析以中国为代表的东方环境艺术设计与以欧洲为代表的西方环境艺术设计的特点及形成。

学习环境艺术设计的历史是教学中一个重要的基础，这对于我们树立正确的设计观、帮助我们理解设计的形成、建立科学的设计方法都有重要的作用。通过对历史的回顾，我们知道环境艺术设计的历史是在思想、技术、艺术三者的合力作用下，通过城市形态、园林（景观）形态、建筑形态这"三态"表现的，任何生态环境艺术设计的成就都有其自然条件、社会背景、技术进步等因素的参与。学习历史让我们更清楚地知道环境艺术设计绝不是孤立发展的，它是综合着系统的动态过程，并使其成为人类文化的因子，延续着人类与自然的故事。随着人类科技的进步历程，按照环境艺术设计发生、发展、繁荣的顺序，环境艺术设计分为起源时期、传统时期、传统时期后期三个区间。同时，各文化区域发展经历不同，我们按照其思想特征，将其分为欧洲、中国、美洲、两河流域、伊斯兰五大文化区。

二、环境艺术设计的起源时期

（一）历史分段

环境艺术设计起源时期的历史包含有旧石器时代（史前到公元前8000年）、新石器时代（公元前8000年至公元前4000年）、青铜时代（公元前4000年至公元前2000年）这三个时代。

（二）主要形态表现和特征

1. 纪念性建筑的萌芽

在人类文明的启蒙时期，人类面对大自然的主要任务是怎样求得生存。原始人类初步获得了制造工具的创造力，带着强烈的功利目的制造获得生存条件的武器，学会用人力抗争自然力。但由于受人类自身能力的限制，生产力的低下使人们对大自然产生了原始的膜拜。特别依赖动植物，就是偶像崇拜的起源。随着人们走出原始丛林，仰望苍穹，人们逐渐形成上天、神灵的观念，产生了一些代表寻求神明的构筑物。

2. 居住方式的形成

按血缘的氏族群落和依地形、水源而聚居是起源时期主要的居住生活形态。在人类聚居的过程中，积累对自然的认识经验，考虑资源、气候、日照等因素选择住址，逐步形成了原始的聚落规划理念。

从人类祖先最原始的改造环境的过程中，我们可以看到人类对自然朴素的认识，反映出人类适应、改造环境的过程就是环境艺术设计发展的过程。人类对生命的思考、对自然的认识反映在对环境的创造上，是文化起源重要的组成部分。

3. 社会关系的显现

随着经验的积累、新材料的发现和利用、生产力技术的提高以及剩余产品的出现，在青铜器时期，工艺与农牧业分工，产生商品交换。社会关系随之产生变化，出现权力阶层。

中央集权的社会关系使得建筑的布局形态呈现向心型建筑组群布局关系，宫殿、圣所、祠堂、墓场等公共建筑和设施兴起。社会关系的变化促成了环境艺术设计中的等级意识，对建筑和空间的占有成为区分等级的手段。

三、环境艺术设计的传统时期

我们知道，纷繁变化的环境艺术形态是由诸多因素相互作用的结果，这些因素有内因也有外因，是合力作用的过程。我们在分析整个历史的时候，通过分析其发生、发展、兴盛、衰亡的成因来找到事物发展的轨迹和线索，从而总结出其发展规律。以撰写通俗历史著作著称的美国作家亨德里克·房龙在其名著《宽容》中曾提出"绳圈"图解。他指出，当"绳圈"为圆形时，各要素的作用力相等，当某些要素成为强因子时，绳圈就成为椭圆形，而其他要素的作用力就会不同程度地减弱。这就是多因子的制约"合力说"，它表明历史现象是由许多制约的要素以及许多推动力综合作用的结果。

下面，通过外力作用和内在需要两大方面及其中的自然力量、技术发展、社会背景、心理需求这四个子因素来分析人类环境艺术设计的发展历程，同时摄取其中的强因子来说明某一时段某一环境形态（建筑形态、城市形态、园林形态）形成的主要动因。

（一）欧洲及与之相关的环境艺术设计

1. 古埃及的环境艺术设计

从地域上讲，西方文明覆盖的范围包括俄国和整个欧洲西部。地中海是其文化的摇篮，而它的起点在古埃及。因此，古代埃及是西方文明的发祥地。

（1）建筑形态

尼罗河谷地日照强，干旱炎热。古埃及人善于运用树木和水体来营造阴凉湿润的环境，其陵墓建筑和宗教建筑最为闻名。

①陵墓建筑。吉萨金字塔群是陵墓建筑的典型代表，反映出当时的数学、几何等科学的进步和建构技术的发达。其中，国王法老的金字塔陵墓最为著名。它们尺度宏大、宏伟庄严，建筑语言恢宏，其中最大的一座高146米。金字塔的石构技术显示出坚固、耐久的特点，随着时间的推移逐渐成为西方建筑材质语言的基本词汇。

②宗教建筑。卡纳克阿蒙神庙是庙宇建筑群的代表，反映出当时多神崇拜的早期宗教形态。法老代表着人与神相交的最高祭司，成为人间的最高统治者。建筑内神秘、幽暗，讲究空间形态上的轴向分布，表现出心理上的压制和对未知世界的恐惧。

（2）园林形态

古埃及园林附属于神庙建筑，是初步园林化处理的圣苑，园林设计以林木为主，设有大型水池、花岗石驳岸，种植荷花与纸莎草，并放养圣物鳄鱼。

2. 古希腊的环境艺术设计

得天独厚的地理位置、地中海宜人的气候和与外界交流的频繁使得希腊人有着积极的理性认识和平等的民主作风，审美崇尚康健、有力，富有外向而善于雄辩的哲理精神，这些都是促成希腊成为西方文明摇篮的重要因素。

（1）建筑形态

大理石神庙建筑形式成熟，特别是柱式的形式具有典型的代表意义，如多立克、爱奥尼及科林斯柱式。这些典型的柱式被赋予了象征性的意义（多立克比例粗壮、刚健，象征着男性；爱奥尼比例修长、柔美，象征着女性），反映着希腊人对自然存在基本属性的关注，是希腊环境艺术的一个重要的形式表征。经典的代表之作是建造在雅典卫城上的帕提农神庙。

（2）城市形态

希腊城市在总体布局上并不规则，城市广场成为重要的组成部分。雅典卫城是古希腊鼎盛时期的传世之作，是集建筑、城市规划的精华所在。它以神庙为主体，顺应其地形特征，把海面、城市与环抱平原的山冈联系起来，将周围环境带进完整的和谐状态，堪称西方古典建筑群体组合的最高艺术典范。

竞技场是城邦之间进行重要交往活动的空间场所，也是奥林匹克精神的发源地，为西方广场的发展奠定了基础。

（3）园林形态

古希腊人崇拜林木，神庙周围有天然或人工形成的圣林与神苑景观。哲学家把园林环境引入私家居所，集绿化、雕塑、建筑为一体的艺术性园林开始发展，并在罗马帝国时期得到长足发展。

3. 古罗马的环境艺术设计

古罗马是由意大利的一个小城邦扩展而成为拥有辽阔疆土和多元民族的帝国。在征战的过程中，古罗马人由对自然的崇拜转向对帝王英雄的崇拜。古罗马先后经历了城邦时代、共和时代和帝国时代，民主化程度总体上不断衰减，国家的统治靠强大的军事力量和国家行政机器来保证。与古希腊相比，古罗马人更有追求浮华的世俗化倾向，快乐主义和个人主义成为其思想内核，表现为柱式与雕塑的形式倾于烦琐。并且，古罗马人认为自己的都城位于世界中央，对中心和秩序有着强烈的偏好，在空间环境中追求正交轴线形成的中心和划分的四限。另外，古罗马人发现了火山泥作为建筑材料的优越性，创造性地运用了火山灰制成天然混凝土，大力推进了拱券技术，建造起大规模的宫殿与城市，成就了古罗马帝国的宏伟景观。

（1）建筑形态

万神庙是单体建筑的代表，具有突出宏大的尺度。其井然有序的建筑内部构造系统与外部环境的随意性形成对比。大角斗场反映出古罗马人好斗、喜好群体活动的个性，其环境模式创造了强烈的中心感和领域性的建筑特征。

（2）城市形态

古罗马城市风格表现出明显的世俗化、军事化、君权化特征：公共浴池、斗兽场、宫殿、剧场等宣扬现世享受的建筑大量出现；为应对战争和防御，道路交通发达，城墙坚固，桥梁、输水等战略设施先进；城市街道布局整齐，在主干道的起点和交叉点常有纪念性的凯旋门，重要地段还有整齐的列柱，其宏伟壮观彰显着一种英雄主义气概。帝国广场群是罗马城市广场的重要代表，由柱廊围合，轴线感、对称感强烈，序列感、层次性丰富，是为帝王个人树碑立传的场所，也是城市公共集会的场所，投射出王权至上的理念与绝对的等级和秩序感。

对城市开敞空间的创造和秩序感的建立是罗马城市规划的最大成就与贡献。罗马帝国的空前繁盛成就了第一部建筑著作《建筑十书》、第一部法典和一流的城市配套设施。"光荣归于希腊，伟大归于罗马"，罗马人为自己拥有辉煌灿烂的文明成果感到无比骄傲。

（3）园林形态

园林是那些追求田园情调的人向往的场所。在哈德良离宫建筑群中，建筑与室外空间变化丰富，厚重的石墙、拱券塑造出多种丰富的空间组合，出现宫殿、柱廊、浴场、剧场等功能空间，雕像、水池、树木精致地点缀着环境。

4. 拜占庭与中世纪欧洲西部的环境艺术设计

公元 313 年，基督教成为罗马帝国的国教，在以后的整合与分裂中逐渐形成以欧洲西部的天主教和东欧的东正教为主的两大支。公元 4 世纪末，罗马帝国分裂为以罗马为中心的西罗马和以拜占庭为中心的东罗马。公元 476 年，西罗马灭亡，东罗马一直延续到 1453 年，史称拜占庭帝国。这一千年在历史上称为中世纪时期。

在这个时期，以穹顶为显著特征的拱券结构得以发展，通过帆拱把巨大的穹隆改在方形的平面上，造成下方上圆的空间和形体。

（1）建筑形态

由于宗教的鼎盛，在战乱中的中世纪教堂建筑特别恢宏。圣索菲亚大教堂是拜占庭帝国的纪念碑，整个建筑群的尺度远远超过了罗马时代的建筑，浑圆的顶部轮廓线构成了城市典型的天际线。与拜占庭簇拥型的建筑群不同的是，欧洲西部中世纪典型的教堂建筑呈现尖塔高耸、气势凌人的哥特式风格。如巴黎圣母院和德国的科隆教堂。以哥特式建筑的基本形态为元素的建筑组群也构成了重要的环境特色，如法国的圣米歇尔城堡。

（2）城市形态

城市设计以广场为重点，代表为意大利的耶锡纳地区。教堂常常占据城市最中心位置，并凭借其庞大的体量和超出一切的高度控制着城市的整体布局。

（3）园林形态

庭院扩展到城堡周围，图案几何化，有迷宫式的绿篱，其代表性的是法国蒙塔尔吉斯城堡。园林没有希腊、罗马的庭院发达，只是在宗教和世俗生活占有一定的地位，果木园、花卉园等有显著特征的园林也相应出现。

5. 意大利文艺复兴时期的环境艺术设计

随着 1453 年东罗马拜占庭帝国的灭亡，大量学者以及古希腊、古罗马的艺术成果流向意大利，促进了人文精神的传播。中世纪后期，意大利处于东西方商路的要道，产生了许多富庶的工商城市，资本主义生产关系萌芽，代表新兴阶级意识的"人文主义"精神迅速发育。

德国的宗教改革运动，打破了天主教在西欧长期一统天下的思想禁锢。环境艺术除了古典建筑、雕塑和绘画的一般性特征得到弘扬外，艺术家们更深入地讨论数学、音乐与人体比例的关系，在单体建筑、城市广场、理想城市的设计中，产生了几何整体明确、集中感强的形体与空间环境构图，反映着理性的人类场所精神，在欧洲产生了广泛的影响。

（1）建筑形态

意大利北部的佛罗伦萨大教堂，成功地综合了古罗马与哥特建筑的工程技术与古典美学原则，体量宏大、色彩鲜艳，成为城市中心。

文艺复兴时期最重要的代表性建筑是罗马圣彼得堡大教堂，集中式的平面方圆结合，主要内部空间为十字形，穹顶跨度 42 米，高高矗立于广场尽端。

（2）城市形态

城市广场倾于严整，突出中央轴线，广场周围的建筑底层常有开敞的柱廊，如米开朗琪罗设计的卡比多市政广场。素有"欧洲最美丽的客厅"的圣马可广场也是文艺复兴时期的杰作之一。

同时，资产阶级要求城市建设能显示出他们的富有，府邸、市政机关、行会大厦等豪华、气派的新建筑开始逐步占据城市的中心位置。具有很高艺术修养的规划师、建筑师、哲学家、艺术家、文学家们紧密结合，共同推动着城市规划艺术的发展。

（3）园林形态

园林强烈地表现出以人为中心的世界观和突出理性规则的艺术观同建筑美一致的景观造型特征——力求使大自然服从于人的意志。园林呈正中轴布局，植物修剪整齐，几何图案的渠池以及直线、弧线的台阶、园路、矮墙在主轴上串联或对称呼应，讲求精致的人为艺术构图。

6. 十七八世纪欧洲的环境艺术设计

在绝对君权时期，古典主义引领了总体潮流，体现出唯一、秩序、有组织、永恒的王权至上的思想要求。在欧洲接受文艺复兴以后，基本都恢复了古典的建筑与环境艺术特色。到十七八世纪，出现了一些形态上的变异，其中最具影响力的是产生于意大利的巴洛克艺术与产生于法国的古典主义艺术。

巴洛克艺术不再满足文艺复兴思想的理性思维和形式的重复，而是尝试让想象力和冲动灵感在创作中运用，从而形成了巴洛克艺术风格。在倡导个性与感官体验的巴洛克艺术在意大利风行的时候，而法国古典主义却走了另一条发展道路：17世纪后半叶，路易十四统治下的法国成为古罗马帝国以后欧洲最强大的君主政权国，王权至上的观念进一步发展，形成了更重视人的理性思维、系统观念和严密形式法则的法国古典主义。

（1）建筑形态

巴洛克艺术在建筑中表现为以波浪形、楠圆的衔接等动态的手法来改变矩形、方形、圆形的静态呆板的感受；纷杂的圆雕、浮雕和到处飘逸的卷草纹样掩盖着柱、墙等建筑结构；壁画、天顶画色彩斑斓，视觉感受浮华艳丽，多见于教堂建筑。

理性的法国古典主义的建筑代表是罗浮宫的立面改造。其组织严密、构图严谨、威严庄重，以至欧洲19世纪的建筑设计仍然受到古典主义的影响，如匈牙利布达佩斯火车站。

（2）城市形态

受巴洛克艺术的影响，广场、街道和雕塑设计有了更紧密的关系，构成充满幻想的、欢快的环境气氛，强调城市景观的景深效果，如罗马的纳沃那广场，贝尼尼设计的圣彼得堡大教堂广场也是这一时期重要的代表。罗马城改建是巴洛克艺术在更大范围内城市环境设计中的体现。

法国绝对君权崇拜使设计师发现了古典主义的规整、平直的道路系统和圆形交叉点的美学潜力,城市规划理念追求壮观严整,强调轴线和主从关系,追求对称协调,突出反映人工的规整美。这一时期的凡尔赛宫是法国古典城市设计的巅峰之作,反映出理性主义的规划设计思想,并广泛地影响着法国和其他欧洲城市,如丹麦的哥本哈根。

(3)园林形态

在巴洛克艺术的影响下,这一时期的园林设计对奇巧、梦幻般的环境特别钟爱。花坛、水渠、喷泉等采用多变的曲线。树木修剪形态夸张,雕琢感强。岩石、洞穴也成为重要的景观要素,如埃斯特别墅、阿尔多布兰迪尼别墅。

同一时期,在英国,资产阶级革命反对君权至上的启蒙思想动摇了古典主义的政治思想基础,在以感官体验认识的世界的思想中,具有价值的客观事物在艺术中有了较高的地位,大量的牧场和猎场使英国具备多样的自然景观风貌。这些条件和因素形成了西方世界中独特的自然园林式风景园林:花园不再属于建筑的人为艺术,在人的各种行为参与到自然的背景下,欧洲的园林设计从此走出了几何式的基本框架,代表作是英国的斯托海德园和德国卡塞尔的威廉高地花园。值得一提的是,这一时期英国对中国的园林设计开始加深了解,甚至模仿。

(二)中国环境艺术设计的特征及影响

1.中国传统的环境艺术设计

深化对中国环境艺术设计史的理论研究,是从事环境艺术设计的一项自觉的工作。如果说我们学习西方的环境艺术设计史的重点是它人文思想的更替和环境艺术语言的丰富的话,那么,中国环境艺术设计发展的学习重点则是其建筑、园林、城市设计中所体现的对哲理思想、民族性格的关注。

中国环境艺术博大精深:从建筑的整体体系、组群布局、单体构成到部件组合、细部装饰;从建筑所反映的哲学意识、伦理观念、文化心态、美学精神、审美意匠、建筑观念、设计思想到园林意境、城市规划的设计手法、设计规律、构成机制;从对传统建筑、园林和城市规划中,我们都可以看到传统文化的优秀而产生强烈的身份感和认同感,增加我们的历史底蕴,开阔我们的眼界。从建筑形态的单一更替中,我们也可以知晓、分辨文化的精华和糟粕,从而更能看到我们的历史坐标以及与世界的关系。因此,对中国历史的学习是非常重要的。无论是学生还是设计师、老师,都应主动、自觉地参与到关于中国环境艺术设计历史的学习中,并做深入的研究和思考。

现代设计的潮流和民族文化的继承要求我们更深地理解、发现传统设计的精髓,更新我们的思想并超越我们的狭隘和贫乏。超越来自理解,扬弃源于继承,在本节中,通过对建筑形态、城市形态、园林形态这三个方面一一进行梳理,期待初期接触环境艺术者能对中国环境艺术的特点、成就及其发生机制和影响有一个整体的了解。

(1)建筑形态

中国传统建筑的第一个特征就是木结构体系的不断发展和完善。世界上没有一个民族在单一材料上是如此的精益求精和执着，究其缘由，学术界也各执己见、莫衷一是。

出于对不同自然条件，如气候和环境等的适应，从一开始"中国的建筑形态慢慢分化为穴居和干阑两种形式，它们分别代表着黄河流域的'土'文化的特征和长江流域的'水'文化的特征"。随着经济、政治、文化的发展，木结构逐渐成为中国官式建筑的主流。

在木结构经由春秋时代的意象定型及至秦汉斗拱和台基的发展，在魏晋时期基本形成了最具特色的中国古典屋顶式——由原有的二维斜面变为下凹曲面，屋角微微翘起。后经隋唐两宋在建筑风格上的进步丰富，中国木结构建筑成就在明清时期达到顶峰，如五台山的佛光寺大殿。

中国传统建筑风格具有灵活多变而又不失整体、统一的民族性格。它时而端庄、时而雄健、时而华丽、时而素雅，她在形制体系上完整、统一，在装饰上富有细节的审美情趣和色彩上的浪漫大胆，集中体现出中国五千年文明精粹。

第二个显著特征是中国建筑布局的形态与西方古典砖石结构体系的大体量集中型建筑截然不同，属于多栋离散型布局。汉代以居室单位来构成多开间建筑，并在十进制的控制下，组成大型建筑、宅院或更大规模的建筑群（这种从居室的尺度推演到外部空间的模数方法与当代空间设计理论不谋而合）。庭院空间起到了栋与栋之间的联系作用，使得同一庭院内的各栋单体建筑在交通联系上、使用功能上联结成一体。历来以建筑群体组合见长的中国传统建筑，明代更是取得了辉煌的成就。成熟的处理手法，使各类建筑得到充分的性格展现，如天坛的祭神氛围的营造、紫禁城纵横交替的平面布局节奏、明陵的依山就势、孔庙的院落组合等都显示了中国古典建筑在布局上的艺术成就，是我国文化传统中夺目的瑰宝。

木构架建筑从发生时开始，就一直以离散型形态出现。在官式建筑和民间建筑中，庭院式布局都属于主流，是中国建筑组群构成的基本方式。特别是我国丰富的民居建筑体系，反映出我国劳动人民与自然共生的过程中的建筑布局经验。这种布局的离散结构强调组群对环境的适应性以及人体尺度的合理性，具有很强的"实用主义"的理性特点。它根植于生活中，反映出中国传统的"人世"精神。并且，离散中又有一个强大的以儒家"礼"教为核心的思想来制衡。在建筑的形制上讲究延续性、制度化，从而形成一脉相承的文化传统。

在学习总结中国传统建筑文化中，我们要清楚地看到这种离散型布局很适应宗法制度下家族聚居需要，反映出中国儒家文化既有对建筑形态成熟并牢固的正面影响，也有阻碍建筑形态多样发展的负面干预。维护"君、臣、父、子"为中心内容的等级制，为维系"家国同构"的宗法伦理社会结构承担着礼治、礼教的主要职能。建筑由于其自身在意识形态中的独特作用，成为标志等级名分、维护等级制度的重要手段。建筑等级制浸透在城市规划直至建筑细部装饰的所有层面：有对城市的城制等级规定，有对宗庙建筑的等级规定，有对单体建筑的等级规定，即在"数""质""文""位"等诸多方面都有具体的规定。

"礼"的思想意识里，有一部分强调历史的稳定性、延传性，延承先王建立的等级制度，一系列与之相适应的文化传统逐步形成。孔子把这种建筑思想概括为"述而不作、信而好古"——对待旧有的文化典章、礼仪制度，应该阐述它、尊重它，而不要自行创造、自我创造。中国古代建筑的发展历程，被深深地烙上了这种"述而不作"的印记，极大地阻碍了建筑的创新意识，建筑的改革进展背着沉重的"旧制"包袱缓慢演进。例如，"斗拱现象"集中反映出"述而不作"的礼教观念对建筑技术创新的严重制约。

我们探讨中国传统的建筑形态特征时不能忽视中国建筑文化反映出的民族文化的第一面开放性特征——民族大融合促成了建筑环境艺术的丰富和繁荣。这是中国传统建筑的第三个特征。文化领域的活跃带来思想的自由，思想的自由反过来又促进了艺术领域的开拓。宗教的传入带来建筑的新形态和繁盛。如果单从木架构的结构原则看，确乎是所谓"千篇一律"的文脉延续，但是，在与外来文化的交融中，又产生异域建筑文化所引起的文脉变异。中国建筑史学研究表明，自西汉张骞开通西域打开了中外陆路交通以后，中国建筑逐渐出现了新的因素，到东汉，随佛教建筑文化的移入达到了高潮。

南北朝吸收的异域文化特征，在开放、兼收并蓄的文化心态下进一步发展。在技术、形式、功能几方面都反映出环境艺术的繁荣和成就。可以说，中国建筑的文脉在外来文化的激发下，发生了延续中的变异，表现出文化发展的整合风貌。

（2）城市形态

我国古代论城市建设的经典书籍《管子》在论述城市建设时，鲜明地强调了中国传统城市的理性精神：一是环境意识中蕴涵的因地制宜思想；二是对规划中"天人合一"的理想的追求；三是设计意匠中综合体现的因势利导特色。

中国的因地制宜思想是聚落规划积累的理性经验，朴素地积累着城市规划的思想，并在城市村落、住宅、宫闱、寺庙及陵墓中得以广泛运用，反映出建筑人文美与山川自然美有机结合的隽永意象，成为中国传统环境艺术的显著特色。

中国古代的城市规划中常见的手法：选址上，选择河流两岸或交汇处地势较高的地方居住；建筑群体布局上，按天体星象的位置一一对应营建，体现着鲜明的礼制秩序和理性精神。

"礼制"思想对城市环境营造的约束，表现在对建筑类型上形成一整套庞大的礼制性建筑系列，并且摆在建筑活动的首位，形成了中国传统城市规划的主要特征之一。《考工记》中记载西周洛邑王城的建设左右对称、前后有序、宫城居中、划分整齐，不仅满足行为上的要求，也反映了刻意去符合儒家思想的礼制精神需求。《考工记》中对建筑的尺度数量都有明确的规定，把实际生活的需求、礼仪活动的需求、形式上的美感和巫术上的效用等几个方面都严格地整合在一起。

规划中追求"天人合一"的最终理想，不断地改造反映了我们祖辈惊人的智慧、对环境的利用和先进的生态观念，主要成就集中体现在"帝都长安"的城市环境中。贯穿整个城市近九公里的宏大轴线，是世界城市史上最长的一条城市中轴线，对称布置各个里坊，各种功能布局全面、系统，城市结构呈现清晰整体的面貌。在城市景观方面，前期的水利建设也提供了城市景观用水,能调节城市小气候。道路系统有街道绿化,行道树排列整齐,楼阁高贵豪华、开敞整齐,成为历史上有真正意义的城市山林。

因势利导的规划特色体现在中国自汉武帝起皇家园林就把园林用水与城市规划相结合,通过园林理水来改善城市用水。北京的圆明园、颐和园等著名的古典园林采用化整为零、集零成整的规划方法,使庞大的景观尺度成为园林的有机整体。另外,有的也利用天然的地貌与水资源,力求园林环境与自然风貌融为一体,如承德避暑山庄的行宫环境设计。

引人关注的还有中国古代城镇形态,它更多地表现出适应环境、与自然和谐的观念,讲究"藏风聚气"的空间构成和对环境生态美的追求。在山区,村镇建筑沿等高线自由布置;在背山面水的地形中,直通水源的垂直等高线成为村镇的脊线;从安全风范角度表现为封闭型向心布局;宗族聚居的村镇以宗祠为中心布局;商业发达的村镇则以水旱码头、集市位置、通衢大道形成规划布局。这些村镇都反映了中国传统思想以及古人对自然与人居环境关系的认识,具有丰富的人文价值,对现代的城市规划理念有积极的借鉴意义,其代表有安徽的宏村、嘉兴的西塘等。

(3) 园林形态

先民对自然生态美的认识成为古典园林的精神起源。"天人合一"的思想则是影响中国古典园林形成的哲理因素。与西方理性的哲学主导下崇尚"理性的自然"和"有序的自然"不同,顺乎自然环境朴素的生态意识成就了中国园林的自然特征,并一直主宰着园林的发展,是园林设计的主要形态。园林最早起源于种植果木菜蔬的"园""圃",代表普通人生活的园林环境。有意识的园林化的环境是王室专门集中豢养禽兽狩猎的场所——"囿"。公元前11世纪,周文王建成著名的灵囿、灵台、灵沼,这种"一池三山"的格局,形成了中国园林的传统,初步显示了中国园林山水整合模式。

明代造园家计成在他的园林学专著《园冶》中说园林的建造应当是"虽由人作,宛自天开"。这是对中国园林基本特点的总结。"诗情画意"是中国园林设计的主导思想。造园家总是力图在有限的空间创造出深远的意境,因而采用各种手段,造成变化、对比和层次,收到"步移景异"的效果。

中国传统园林注重对自然环境的体验,这是由中国传统的士大夫的隐士思想文化带来的影响而形成的。文人园林把人工建置与自然山水结合,如东汉隐士仲长统的园圃思想就体现出崇尚清纯、恬淡的独立人格的精神。值得一提的是,与儒家的礼制思想形成对照的是道家"天人合一"自然观,把自然审美提到"畅神"高度,超越了"比德"的精神功利性,发现了自然美自身的审美价值,真正进入自然审美意识的高级阶段。这一点,中国比西方早了1500年。对山水意蕴的敏感,中国人可以说是遥遥领先的。这种早熟的自然审美意识,深刻地影响了中国文人、士大夫对山水美的醉心和向往,有力地促进了中国山水诗、山水画、山水散文和游记、园记的高度发达,也有力地促进了中国园林、别墅对于山水花木等自然美环境的高度关注。

公共园林的代表则是在南宋形成的特大型天然山水园林——西湖及著名的西湖十景。

明清的园林成就集几千年思想、美学和技术的大成为一体，在组群规划、庭院布局、空间经营、景观组织、形态塑造以及小品的调度方面都有生动的表现：在一系列建筑序列中，结合景区特点的需要，恰当地采用厅、堂、轩、馆、楼、阁、亭、榭等园林建筑，结合山水特点、合理地设置主景点和主观赏点，结合地段特点，巧妙安排曲廊、回廊、空廊，良好地穿插尺度不一、形态各异的大小天井，取得空间的大小、明暗、虚实、开合的对比变化，形成景色多样、层次丰富、逐步展开、步移景异的建筑境界，突出多层次的复合空间，使中国古典园林达到空前的艺术成就，成为环境艺术中的奇葩，苏州拙政园、狮子林是其中的瑰宝。

2. 朝鲜和日本的环境艺术设计

中国的盛唐是朝鲜和日本大量吸收中国文化的时期，他们结合本民族自身的文化及地域特色，创造出了自己的环境艺术特色。日本流行自然崇拜和杂神崇拜，用神社来供奉。朝鲜受中国木结构技术的深刻影响，特别是斗拱形态变化丰富。在传统时期，中国在经济、文化的领先地位充分说明了强势文化对弱势文化的影响。

（1）建筑形态

朝鲜的民间房屋采用木结构，形式多变、风格古朴，采用了木、瓦、石等天然材料。繁盛时期的大型宫殿与宗教建筑，带有中国晚唐特征的木建筑斗拱支撑出深远的屋顶。朝鲜在很长一段时期内都严格按照儒家的礼教制度，宫殿、寺庙和城堡都延续着雄浑有力的风格，如建于1394年的景福宫。1592年日本入侵后，朝鲜的传统风格发生了变化，用荷花、牡丹和藤蔓纹样来装饰室内环境，一度崇尚奢华的风格。

日本的神社是特有的宗教建筑形态，常建于松柏林立的自然环境，在通往圣地的道路上，名为"鸟居"的牌楼作为接待来者的空间节点，地面卵石松散，建筑质感粗糙，古朴野趣。创建于12世纪的严岛神社最具代表性。

（2）园林形态

与中国的造园理念相似，朝鲜和日本两国的建筑园林都主张与环境的相融配搭，并且特别强调室内外环境的流动与渗透，萧索淡雅、构筑灵巧的建筑和绿意盎然的自然环境相得益彰。受禅宗思想的影响，日本的枯山水庭院偏重园林的观赏性，在观赏中传递出大自然的静谧与和谐。

（三）美洲的环境艺术设计

1. 墨西哥的玛雅文明时期的环境艺术设计

公元100年到900年间是中美洲的"古典"时期，其代表是玛雅文化及其影响。玛雅人、阿兹特克人的文化建立在自然崇拜的基础上，重视时间和纪念意义。太阳、月亮、方位、季节、雨水等自然和天象景观对其有重要的意义，天文学和历法发展强劲。

（1）建筑形态

玛雅人的城市科潘等城市中心环境显示优美的仪典型神庙与广场组合。神庙以巨大的层层台基构成台阶形金字塔而闻名。塔庙的设计都按照一定的空间安排，有祭坛和记录时间历程的石柱。塔身和庙宇布满怪兽般的神灵面孔雕饰。建筑只考虑其外部的感染力，强调与神对话的宗教意义。

（2）城市形态

城市主体以宗教建筑为主。玛雅文明的建筑工程达到当时世界最高水平，能对坚固的石料进行雕镂加工。特奥蒂瓦坎是美洲古典时期最大的城市。

2. 秘鲁的印加文明时期的环境艺术设计

公元前4000年秘鲁文明起始，至1532年西班牙入侵结束。

秘鲁境内多山，低地景观与山地景观对比鲜明，灌溉系统良好，日照多，缺雨水。低地人充分考虑聚落与自然环境的关系。人们的构筑目的更多出于从事农业与生存的需要。生活于山间的人们崇拜高山，观察到了它所象征的超然力量。石制品是印加特有的，每块石头都被分别加工处理过，阴刻或阳刻，以求与边上的石块相互结合。低地的印加城市都是用泥砖构筑起来的，并用方形来组合各种单元。没有用纪念性的广场和通道去规划城市设计，而土地与地形的运用却是有节制而微妙的。山地地形给人造成的影响是神秘莫测的，山上的堡垒和层层平台沿着山坡展开，石材的开采技术、运输与安装工艺已将土木工程转换为一种永恒的造型艺术品，如马丘比丘。

（四）两河流域与印度、东南亚地区的环境艺术设计

1. 古代两河流域的环境艺术设计

两河流域（底格里斯河和幼发拉底河）土壤肥沃，地形宽阔，气候炎热并多雨。美索不达米亚民族交流频繁，商业发达，世俗性强，出现了巴比伦、亚述等强国。其文明在历史上被多次中断，由于种族多，环境形态上呈现出错综复杂的现象。不同文化渊源相互更替交织，形成环境景观的多血缘特征。

（1）建筑形态

山岳台建筑，多层夯土高台，形体显著的坡道和阶梯通达台顶和庙宇，防雨的维护技术使建筑立面呈现排列有序的装饰图案。亚述帝国的王宫凸显在由院落组织起来的平顶建筑中，成为环境的至高，外部形象鲜明。

（2）园林形态

园林发达，大致有猎苑、圣苑、宫苑三类。猎苑渗入天然环境中，引水形成水池，栽植树木，同时也堆土成丘，建筑神殿、祭坛等集合场所。古巴比伦王国的"空中花园"被誉为古代世界七大奇迹之一。

2.印度及东南亚地区的环境艺术设计

印度及东南亚地区的环境艺术是受宗教影响的文化的极致表现,所有环境艺术中的人为构筑仿佛只为宗教而存在。公元前5世纪末,雅利安人带来"吠陀文化"而产生佛教,主导印度文明。11世纪到15世纪,印度及东南亚地区被伊斯兰教徒占据,凸显伊斯兰文化特征。

(1)建筑形态

受宗教的影响,环境艺术表现出强烈的"中心"意识,最著名的是窣堵坡——佛陀和著名僧侣的陵墓。窣堵坡是佛教建筑中最典型意义的佛塔的原型,建于公元前3世纪的桑契大窣堵坡最具典型。其主体是半球形的穹顶,顶部为石柱阵,象征原始的对菩提树的崇拜。主体四周围以石栏,象征着菩提,石栏上精美地雕刻着佛教故事,人们从中欣赏故事,进而在穹顶主体的空间中得到升华。

由于宗教文化的强势,世俗生活与世俗建筑都被忽视。石窟是另一种供修道的印度宗教建筑,如马拉哈斯特拉邦奥兰加巴德市的埃洛拉石窟群。石窟内外壁模仿竹、木建筑雕筑各种构件形象。随着佛教的传播,石窟艺术在亚洲大部分地区得以延续并各有特色。

(2)城市形态

由方形、圆形、十字形等组成的具有向心性的图形,是反映《吠陀经》中抽象神圣场所的概念的曼陀罗图形。印度城市分布及庙宇设计依此为基本模式。

印度的宗教文化影响到东南亚的许多地区,同时也影响了其他地区的建筑和环境形态,如泰国、印度尼西亚等国家。曼谷的佛塔就是窣堵坡的变体。其逐渐向高耸发展,代表了佛教环境中的至尊地位。柬埔寨具有代表性的佛教建筑为金刚宝塔,下部的基座方正巨大,上方的堆塔瘦高轻挑。窣堵坡和金刚宝塔这两种建筑形态都是以自我为中心的实体性建构,对周围形成心理和视觉的控制力。印度尼西亚的婆罗浮屠(千佛坊)更是以宏大的阵势来引导人们产生宗教膜拜心理。

四、环境艺术设计的传统时期后期

(一)近代环境艺术设计

19世纪末到20世纪初,西方世界经历着技术与经济的飞速进步。在设计领域中,随着钢铁、玻璃和混凝土等新材料的产生和广泛运用,设计师们也开始探索和变革设计语言。经济的发展和文明的进步带来追求革新的社会思潮,使得艺术门类之间相互吸取灵感,设计来到一个新的时期——现代主义主导的历史阶段。

1.建筑设计领域

(1)工业化时代初期

17世纪的资产阶级革命和18世纪的工业革命带来近代工业的大发展。城市规模急速扩大，产生许多城市问题，对城市建设提出许多新的要求，而多数建筑师还不能完全摆脱传统风格的约束，因此，在19世纪，形成结合工业革命对建筑设计新形式的探索。

古典复兴、哥特复兴、折中主义是当时主要的建筑设计探索：古典复兴唤醒公民意识，代表建筑如法国巴黎万神庙；哥特复兴以其张扬的艺术个性和民族精神在英国、德国广泛流行，如英国的国会大厦；折中主义借古典的建筑风格或异国情调来产生丰富多彩的新形式，如巴黎的圣心教堂。

随着冶金业的发展，冶铁技术突出，铁结构的建筑显示出新颖的结构，如巴黎的埃菲尔铁塔、伦敦的水晶宫。

（2）欧美新建筑运动

新建筑运动作为探求建筑设计的方法，主要在建筑语言、建筑手段上做了一系列尝试，是现代主义建筑的准备，主要有工艺美术运动、新艺术运动、维也纳学派和分离派以及德意志联盟。

值得一提的是德国包豪斯设计学院的成立，它以其倡导的平民化思想、手工技能和创意思维的训练，以及对形式美在理论上的探索，都对后世的设计思想和设计教育产生了深远的影响，出现了格罗皮乌斯、密斯·凡德罗、勒·柯布西耶等重要的人物。

2. 城市设计领域

生产力的提高、人口的膨胀和资产阶级革命，使得城市公民具有平等的法律地位，社会具有自主性，人们有权利改善自己的生存环境。因此，公共卫生、环境保护和城市美化运动先后改变和主导了现代城市面貌的形成。

在城市环境设计领域，最为知名的便是奥斯曼主持的巴黎城市改建：突出了南北和东西两条主轴线，形成了体现环境场所的城市节点空间。东西向的星形广场、香榭丽舍大道、协和广场、丢勒里花园、卢浮宫与南北向的林荫大道联系南北两个铁路终点站。人们还重视道路绿化，街道设施统一，沿街建筑立面以古典复兴以来的形式为主导，使巴黎成为最美丽的近代化城市，欧洲其他国家也纷纷效仿。

3. 景观设计领域

18世纪末到19世纪初，园林形态的变化以英国"公园运动"和受其影响的美国公园设计为主导。

英国的"公园运动"注重把乡村的风景引入城市，改变城市中以街道和点状的广场组成单一的面貌，如伦敦的摄政公园、圣詹姆斯公园等。

受英国"公园运动"的影响，美国这个移民国家，在以棋盘式为基础的城市规划中引入了大型的城市公园，最具代表性的是由奥姆斯特德设计的纽约中央公园。以此为起点，自然景观开始越来越受到设计师的关注，生态公园随之出现。奥姆斯特德率先提出以建筑结合自然风景的景观建筑学概念。其在近现代建筑学发展中得以不断完善并取得重要地位。

在景观设计领域，新艺术运动的代表是以曲线著称的西班牙建筑师高迪，其设计更加亲近人性行为，更趋向于获得感官的刺激。

（二）现代与后现代环境艺术设计

20世纪初，现代建筑的经济性、模数化和规模化，适应了社会在两次世界大战后极需休养生息的要求。现代建筑起源于欧洲，德国的德意志联盟、包豪斯设计学院，俄国的构成主义运动、荷兰的风格派运动是现代主义运动的重要内容。德国的格罗皮乌斯、米斯·凡德罗，法国的柯布西耶，芬兰的阿尔瓦·阿图和美国的赖特是这个运动的中坚人物，他们的个人才华和思想持续影响着城市设计领域、景观设计领域以及建筑领域。

20世纪是工业化迅猛发展的时期。20世纪50年代，由于各种社会矛盾的作用，多元化的价值观凸显。在设计领域，人们经过反复探索，对设计本质有了更为科学的理解和认识，以科学化的理性思维著称的现代主义终于成熟。设计成为一种解决问题的途径，以使用功能和结构性质为依据，合理地处理生产、经济与艺术之间的关系。

如今，人类的文化已非原始的多元产生发展，也非中世纪后期的海洋性文化交流，而是全方位无所不在地交融、演进，形成螺旋上升的往复运动。环境艺术的地域性差异或区别正在缩小，当代自然科学正将不同区域、不同民族之间的距离拉近，人们都正将各自的文化融入其中并发展它，从而使其成为人类共有的财富，这正说明人类文化的发展已步入一个高度的演进阶段。

1. 符号语言的探索

符号化的环境艺术，是指把一定范围内人们熟悉的形象当作文化符号进行组织，通过隐喻、象征的手法，营造出具有特定意义的建筑景观环境。

古典主义建筑语言的回归，以及运用新材质、抽象化的手段给人耳目一新的感受，如日本的博多水城街景；历史符号语言的介入，使建筑和环境充满文化感和人情味，如美国的电报电话大楼；隐喻的语言又以表达的模糊性和内向性特征丰富了符号语言，如美国的波特兰大厦。此外，由穆尔设计的新奥尔良意大利广场圣·约瑟夫喷泉小广场、由矶崎新设计的日本筑波城市市政大厦，以及迪士尼总部都体现了设计学在语言符号领域中的有益借鉴。

2. 多元化思想的碰撞

现代社会的多元现象是现代及后现代设计的土壤。艺术与技术、社会与个人、历史与现实、人类与自然、文化的共性与差异这些多元化思想的相互碰撞，让建筑和环境艺术设计师们也以自己的方式发出自己的心声，以下举例来说明。一部分设计师用材质的特性来塑造雕塑般的建筑形体，如门德尔松设计的爱因斯坦天文台、柯布西耶设计的廊香教堂、约恩·乌松设计的悉尼歌剧院等都倾向于采用波浪曲面的形体来表达对自然肌理的美感。以赖特为代表的建筑师提出有机建筑的概念，主张结合自然地形，运用木材、砖石等传统材料和空间形体的变化表达建筑与自然结合理念，以流水别墅为主要代表。

生态和环保的呼声带来设计领域的新探索，以生态原则为主旨的设计在西方国家大规模发展的国土规划和区域规划中得到运用：如德国的奥尔公园、杜伊斯堡景观公园等。建筑设计领域，阿伯丁郡史前中心利用厚重的土层营造建筑室内小气候，格斯里高尔夫俱乐部运用新技术减少建筑能耗，阿拉伯世界文化中心运用可调节视窗来调控整个建筑的能耗，这些都是生态主义思想带来的成果。随着人们对环境生态认识的加深和建筑技术的发展，生态化的设计思想成为可持续发展的主导思想。

现在，人们也认识到历史文化遗产是不可复制的人类文化资源。在保护和利用历史文化遗产方面，代表性的项目有继续使用原有建筑的巴黎奥赛博物馆、对历史建构重新利用的横滨石造船坞、澳大利亚悉尼旧城的岩石区和罗马市中心的废墟群等。

3. 用技术说话

框架技术的广泛应用使得建筑物形象非常统一，内部空间布局自由，并为材质提供多种可能性。密斯·凡德罗设计的巴塞罗那世界博览会的德国馆解放了墙体，用钢和玻璃突出在空间形体中的表现力。柯布西耶则用混凝土塑造鲜明的几何体和粗犷的形象。丹·凯利的达拉斯联合银行也使用网点布局的几何化平面构图来划分景观空间。

技术的发展提供了形式上更大的可能性。法国巴黎的蓬皮杜艺术中心是高技术建筑的代表作。巨型的机器化的建筑形态和直接暴露出管道的建筑结构，表达出作者对技术手段的张扬。使用通体玻璃和铝制幕墙的光洁表面来展现技术美也是高技术风格的表现，如巴黎的拉德芳斯新区。

城市设计中，设计师提倡用大型的、预制标准化构件装配的巨型结构，如英国提出的插入式城市、美国的空间城市等。高技术风格不仅体现了形式上对机器美的追求，也运用了金属、塑料、玻璃、橡胶等材料与灌溉喷洒、风景照明、植物栽培等技术相结合，为更广阔的城市领域服务。

4. 哲 学

设计领域的推陈出新还涉足哲学、逻辑学等领域，如针对结构主义的解构主义哲学思想就被运用到了环境艺术设计之中，以一种不统一、混乱的设计表象来颠覆结构主义的稳定、均衡、有序的特点，代表人物有建筑设计领域的盖里、景观设计领域的屈米等人。

第二章 传统文化与当代设计的关系研究

随着社会经济的高速发展,全球经济一体化进程不断向前推进,现代新技术、新产品带来了新的生活方式。具有地方特色的民俗文化却在不断边缘化,人们对地域文化逐渐陌生。在现代商业文化背景下,产品设计让位于经济利益,"刺激消费""扩大内需"成为商业文化的重要内容。这些现状对现代设计提出了新的问题,包括:过度对物质享受的倡导与追求造成设计在文化底蕴上的缺失;设计流于表面,过多地求新、求异、求奇,难以向大众提供深层的审美享受;对消费的追捧与高污染设计,导致了资源与环境问题等。设计面临新的竞争格局,如何倡导健康生活,如何提升设计作品文化价值,成为现代设计的新课题。

在上述背景下,设计行业的各个方面不约而同地开始注重对特定文化的定位与表达。现代设计以传统文化为参照,更容易从历史的角度准确地把握核心的设计理念,把握当今人类社会中的本质需求。设计作为一种现代文化,只有植根于传统,取精去糟,才能紧扣国际环境需求,引领世界未来。

第一节 文化与设计的关系

文化与设计的关系历来是设计界备受关注的话题,尤其是随着人们的生活品质与文化修养不断提高,人们更加青睐具有深层次文化内涵的设计作品。传达文化的思想与精神内涵也是设计作品的真正价值所在。一件好的设计作品不仅能给人们以视觉上的享受,还能带给人们思想上的震撼和精神上的鼓舞,它能表现出一种美的造型语言,同时能传达出一个民族的精神气质、艺术修养和价值观念。随着当代人们的文化需求和艺术眼光的日益提高,人们更加期待能不断出现符合自己精神需求与审美需求的设计作品。如何使自己的设计作品具有文化内涵是当代设计师一直在探索的课题,每一个当代设计师都应具有一份文化情怀,才能创作出具有"文化气质"的设计作品。

然而,在风行"快餐文化"并受西方文化冲击的当代社会,又有多少具有中国"文化气质"的设计作品存在?我们看到的只是带着"商业印记"与"西方文化印记"的设计作品大量地充斥着我国的消费市场。许多设计师为了生存处于"被设计"中，他们的设计过程被"程式化"，为了设计而设计，为了企业的利润而设计，他们的设计作品带有浓厚的商业气息，他们所追求的有个性、有思想、有文化内涵的作品从一开始就被狠狠地扼杀在摇篮里。如何才能摆脱这种窘境？我们只有站在充分认识和把握文化与设计关系的角度，从我国的历史文化土壤中挖掘、汲取精华，才能创造出真正有价值的设计作品来。综观国内外优秀的设计案例，每一件设计作品的成功无不是以深厚的文化底蕴为依托，在充分体现当代社会的物质需求与精神需求中创造出来的。从贝聿铭设计的苏州博物馆到汉斯·瓦格纳设计的"中国椅"可以看到，优秀的设计大师总是站在传统文化这一"巨人"的肩膀上来审视设计，将传统文化与时代设计紧密结合，在设计中加入传统文化的元素。以文化作为当代设计的根基，在当代设计中体现传统文化的特质才能使当代设计作品的生命力得以持久。

一、文化是孕育设计的土壤

千百年来，先人用智慧与汗水在古老的大地上辛勤劳作，对美好生活的心理诉求从未停止，并在特定的时刻或节日借助不同的载体表达出来，经过不断汇集演化成我国丰富多彩的传统文化。这些传统文化因其浓厚的地方色彩、丰富的表现形式、鲜明的民族特征，成为我们不朽的精神财富。

早在远古时代，先人们为了生存与发展，就已开始了有目的、有计划的创造性活动。原始陶器的制作就是一种创造性的文化活动。当时的文化活动，尽管还算不上完整意义上的设计，但已经包含了设计的因素，设计在当时已经开始孕育。随着人类社会的不断发展、文化活动的逐渐增多、文化功能的细化分工，利用文化成果所带来的物质刺激，不断激发人们创造开发更多的物质财富，甚至是精神财富，当这种创造性活动变得越来越有目的、有组织、有计划时，设计便在此情况下"诞生"了。从历史的宏观角度来看，古代造物者是历史中的一部分，生活在特定时期和特定文化背景中，他们的思想与行为都毫无疑问地受到当时的文化特征的影响，尽管当时的造物活动夹杂着浓厚的原始宗教信仰意识，但不可否认的是，他们的造物活动也将本族群的精神意志体现了出来。文化包含着民族的精神意志，从这个意义上可以说，文化孕育了设计，设计同时也在创造着新的文化。

设计作为文化的一个有机组成部分，与文化之间的关系就像"大树与土壤"，设计离开了文化这块土壤，就失去了根基，失去了养分来源，设计只有从文化的土壤中汲取营养才能愈发茂盛。英国古典人文主义文化传统孕育了英国古典风格与贵族气质的设计；日本在吸收我国禅宗文化的基础上，结合本国地理环境狭小的特点，孕育了精巧与朴素的日本设计；北欧崇尚自然、崇尚人文的文化传统，孕育了自然、温馨、人性化的北欧设计。每个国家都有特定的愿望与追求，都在用自己独特的方式进行表达，借助有形的设计物品表达无形的民族文化精神。正是因为各国的文化土壤不同，才孕育了不同风格的设计，形成了世界各国多元化的设计格局。对于中国的设计者来说,我们寻找自己的文化土壤,就要从有着五千多年历史沉淀的传统文化入手,使中国的当代设计体系在传统文化的深厚土壤中找到培植点,为中国的当代设计增添传统文化的内涵与气质。

二、设计是对文化的传承与创新

关于文化的定义,国内外学者众说纷纭,目前学术界公认的是被称为"人类学之父"的英国人类学家 E.B. 泰勒的定义,他是第一个在对"文化"的定义上具有重大影响的人,对"文化"所下定义非常经典。E.B. 泰勒在他的《原始文化》"关于文化的科学"一章中指出,"文化或文明,就其广泛的民族学意义来讲,是一复合整体,包括知识、信仰、艺术、道德、法律、习俗以及作为一个社会成员的人所习得的其他一切能力和习惯"。显然,这个定义将"文化"解释为社会发展过程中人类创造物的总称,包括物质技术、社会规范和观念精神。

"传承"一词对于中国人来说并不陌生,从远古时代尧、舜禅让的美丽传说开始,传承成为原始公社的一种生存法则。现代"传承"一词多指传递、接续、承接,一般指承接好的方面,且是先传了再承,与"继承"有区别。例如,"民间剪纸艺术得到了传承发展"。

"创新"一词起源于拉丁语,它有三个层次的含义:一是更新,二是创造新的事物,三是改变。现代多数人认为,创新是抛弃旧事物、旧观念,追求新鲜奇特的事物和想法的过程。然而我们认为创新是在原有形式或观念的基础上进行的创造性活动过程,这个过程吸收了当前的新观念、新想法,但也离不开对原有文化思想的传承与发展。就工业产品创新设计而言,它是艺术和技术完美结合的产物,是一个时代文化物化的具体形式。在进行产品创新设计时,我们不能脱离消费者已熟知的产品经验,包括产品的用途、使用方式、操作方式等(属于文化的一部分),因为消费者在对产品长期的使用过程中,已经构建出产品认知的心理模型。我们只有在挖掘消费者潜在需求的心理模型基础上,了解当代人的审美取向、生活方式以及价值观念,才能更好地理解消费者的需求,为他们服务。

当今的世界是一个开放、交融与不断创新的世界,通过设计物"折射"出来的文化特点体现了不同国家、不同民族的文化传统。不同国家的不同文化传统,决定了各国在设计的沟通与交流过程中不会一帆风顺,并在一定程度上影响设计的发展,但经过碰撞、交流与融合后又会产生新的设计理念与文化,从而使交流双方的设计得到充分的施展,文化得到传承与创新。

三、设计的结果是社会文化的重要组成

设计的结果往往以具体的视觉形式展现在人们面前,它作为一种文化物化的结果,依赖于文化而实现。通过这些设计的结果,我们能追溯设计产生的时代背景,理解设计物所承载的文化思想。例如,通过历史上不同时代遗留下来的文物,我们能了解到当时的文化背景。下面举例来说明。

作为世界著名文化遗产的敦煌壁画，以其巨大的规模、精湛的技艺，成为世界文化艺术宝库中的一件瑰宝，画中的内容丰富多彩，细致地刻画了神的形象、神与人的关系，寄托了人们美好的愿望。通过分析，不难看出敦煌壁画中所体现出的宗教文化。作为仰韶文化代表的人头形器口彩陶瓶，以女性为表现主题的形态语言，交织着原始初民对宇宙生命诞生的敬畏心理。作为红山文化代表的泥塑女神头像，形态设计十分威严庄重，稳定感与比例感完美而和谐，体现了有关生育神、农事神、地母神等内容的女神崇拜文化。综观国内外的设计历史，形形色色的艺术设计在人类文化的长河中熠熠生辉、大放异彩。敦煌艺术、彩陶艺术作为一种设计结果，既是历史文化中宝贵的一部分，也传承着历史文化并影响着后续文化的发展。

四、设计应以文化为底蕴

设计是一项以人为中心的活动，所有的设计活动都是围绕人这个中心来展开的，蕴含着人的审美需求、情感需求和文化需求。年轻的消费者热衷于购买能彰显他们个性与青春活力的产品；年壮的消费者热衷于购买能展示成熟感与稳重感的产品；年老的消费者则热衷于购买带有怀旧感的产品。因此，产品是反映消费者物质需求与精神需求的各种文化要素的总和，是使用价值、审美价值、文化附加值的统一体。随着社会经济的发展，企业之间的竞争越来越体现在产品文化的竞争上，企业文化通过产品传达给消费者，产品所蕴含的文化在消费者长期使用产品过程中潜移默化地影响着消费者，并逐渐在消费者的心里扎根。随着社会文明程度的不断提高，越来越多的有识之士意识到了文化对产品设计和企业的重要性，产品设计只有融入本土文化才能得到持续发展。对于今天的中国设计来说，这也是迫切需要解决的问题。然而，设计的文化底蕴并不能被简单肤浅地理解为对传统文化中"形"的仿照与套用，而是要将传统文化精髓中的"神"融入其中，进而达到"意"的境界。著名设计师靳埭强之所以成功，就是因为他懂得如何将浸淫中国千余年的传统水墨文化、儒家文化的精髓融入他的作品中。儒家文化以"和"为核心，影响了中国五千多年的造物艺术，"和"的文化底蕴体现出包容性、多样性。传统造物艺术讲究形式与内容的和谐统一、造型的多样化、节制与内敛。过分强调造物艺术中的某一方面，必然会导致失"和"。"和"的文化底蕴不仅体现在中国传统书法、造物、绘画、书籍上，还体现在传统家具、服饰乃至建筑上。传统绘画的虚实结合、虚实交错、虚实互渗，明式家具的自然空灵、高雅委婉、超逸含蓄的韵味，古代服饰的端正、规矩、含蓄、儒雅等，都体现了一种"和"的文化底蕴。从某种意义上来说，当今的人们并不是在消费产品而是在消费文化——一种能满足人们精神需求、审美情趣与价值观念的文化。对于当代设计来说，人们更期待具有文化底蕴的产品。肯德基、麦当劳之所以能长期占据中国的饮食消费市场，是因为他们卖的不是产品，而是一种快餐文化。

五、当代设计是传统文化的延伸与发展

当代设计无论怎样发展，都无法摆脱传统文化对它的影响，它们之间有着密切的联系。设计本身具有前瞻性，是一个不断创新的过程，并且这种创新对传统文化而言，是延伸与发展，而不是彻底的割裂。当代每一位优秀设计师的成功都离不开对传统文化的继承与发展，他们在设计的过程中，都会把传统文化当中蕴含的设计理念、价值观念融入其中，形成最直接的设计艺术本源。我们在设计过程中，应当充分利用前人给我们留下的宝贵的传统文化元素。这是我们取之不尽、用之不竭的艺术财富，也是我们创作的灵感和源泉。

在当代设计中融入传统文化，为当代设计增添一份文化情怀，是形成当代设计特色的文化基石。中国的当代设计通过与传统文化融合，能形成一种简约美、意境美，这是中国当代设计应有的特色。然而对中国传统文化的利用是否抓住了传统文化的精髓，是值得我们深入探讨的问题。对传统文化元素的运用并非简单地将传统造型"移花接木"，用在当代设计上，也不是对写实性手法的运用，而是一种写意性手法的运用，这就需要我们深刻理解传统文化的精髓，在当代设计中传递一种淡雅、宁静的"中国气质"。

设计的内涵是文化，表面化、符号化的中国元素并不是对中国传统文化的延伸，更不能体现中国传统文化的深厚底蕴。随着越来越多的国际高档品牌进入中国市场，国际流行趋势也刮起了"中国风"，旗袍、仙鹤装、青花瓷装等具有鲜明中国文化元素的作品不断涌现。然而事实上，中国的传统文化元素又何止这些，其内涵之深厚和宽泛，并不是具体的符号与形式所能体现的，刻意地追捧与拿来主义都是不可取的。当代设计对传统文化的运用应该建立在当代人的审美需求与心理需求的基础上，是对传统文化充分理解后在设计创作中情感的自然流露。

第二节 当代设计的特征

所谓传统文化，是指一个民族或者国家在长期的历史发展过程中，伴随着其独特的生产生活方式慢慢形成的各种精神和制度。它一方面是民族本性的一种浓缩，是一种价值观念所在，是人类得以发展壮大的基础与灵魂；另一方面，也是民族文化延续发展的动力与桥梁，是民族文化发展的坚实基础。

20世纪以来，由于科学技术的发展与进步，针对设计的基础理论研究得到加强。伴随着设计经验的积累及设计和工艺的结合，设计领域逐渐形成了一套半经验半理论的设计方法。然而，随着现代科学技术的进一步发展、市场竞争逐渐激烈以及先进设计手段的不断涌现，传统的设计方法已经难以满足当今时代的设计要求，设计领域不断研究和发展新的设计方法和理念。当代设计正是建立在此基础之上，是对传统设计理念的一种继承与发展。

与传统设计注重设计与工艺结合相比，当代设计强调以人为本及绿色环保，更加注重设计的人文情怀，注重设计的想象与情感，设计语言也从客观走向主观，从具象走向抽象。当代设计主张新旧融合与兼容并蓄，在强调设计多元化与国际化的同时，更强调设计对传统文化的吸纳，有意识地撷取传统文化中具有代表性的积极元素，对其采取解构、变形、综合等方法，运用新材料、新工艺，再现传统文化的精髓，呈现一种兼具传统与前卫的设计风格，通过这种文化符号语言的再现，最终形成一种具有民族特色的现代形式语言与设计理念。

传统文化是当代设计的土壤和灵动的艺术源泉。当代设计是一个民族、一个时代的物质文化与精神文化互相结合的最终产物。在漫长的历史长河中，我们的先祖给我们留下了丰富的传统文化，当代设计如果不对这些优秀的传统文化加以吸收，那么作品就会像无源之水，经不起时间的沉淀和实践的考验。当代设计是对传统文化的扬弃，而不是否定，一旦割裂了传统文化与当代设计的联系，当代设计必将黯然失色。与此同时，我们应当知道，当代设计也将对传统文化的继承与弘扬起到有力的推动作用，通过独特的设计语言，再现民族特有的历史文化，并挖掘传统文化在当今设计语境下新的内涵。

一、商业化浪潮下的当代设计

所谓商业化，是指通过产品的设计、生产、销售，以营利为最终目的的行为。随着商业活动国际化发展，自给自足的农耕文化早已不是时代的主流，国际合作不断紧密，商业成为影响国家和地区综合力量发展的主要因素。设计的商业化是设计可持续发展的基础，设计行为只有融入商业化的浪潮中才能获得活力与成功，同时商业环境为设计行为提供了良好的发展平台，使设计作品高速、大范围地在人类生活环境中铺展开来。

设计行为的商业化表现为设计行为商业化和设计作品商品化。设计本身学科交叉性很强，涉及建筑、园林、心理、文化艺术、营销管理等诸多学科领域。随着现代科技的高速发展与市场的风云变幻，使得计算机辅助的设计日新月异，同时极大缩减了设计周期。设计行为不再单独运行，而是以组织、集团的形式存在于服务业中。设计者也不再单独进行设计，设计行为不可避免地商业化了。设计作品要赢得销量、满足用户需求，就必须从商业角度来设计，以市场为导向，以商品形式传递到用户并从中获利，从而促进设计行业的发展。商业化程度成为判断设计作品成熟程度的重要指标。商业化设计是面对市场、面对消费者的设计。从受众的选择入手，设计的重点不再是仅研究迪拜塔雄健的曲线、可口可乐瓶优美的曲线，而是如雷蒙德·罗维讲的那样，"对我来说，最美丽的曲线是销售上升的曲线"。罗维的回答深刻反映出美国设计中典型的商业主义特点。

极端的商业化也带来了诸多弊端。首先，商业的发展需要各行各业的高速运转，尤其是对消费潜力的挖掘，此时需要设计服从于商业利益，通过商业化改进已有产品，利用消费者工程学研究等手段来进一步寻求市场空间，消费者沦为了感官奴隶。设计的创意之火，在商业化的浪潮里油尽灯枯。极端的商业化助长疯狂消费、炫耀性消费,追求时尚、追求奢侈。马克思称之为"商品拜物教"式的"异化"或"物化"的价值观和享乐主义的消费观。其次是显而易见的环境和资源的加速破坏与消耗。实际上,在中国,由于受传统价值观念及商业发展水平的影响,设计的商业化并未达到如此极端的地步。儒家思想有"礼藏于器"的观念,即以儒家思想来规范器物,在价值指向上儒家中庸思想是超越实用功能的,也就是超越使用者的物质生活利益,强调"过犹不及"。道家思想也强调人与自然的和谐相处。而不幸的是,我国粗放型的经济增长模式,带来了严重的环境问题。但之所以如此的重要原因并非设计的商业化。

二、设计的多元化与国际化

国际关系日益密切促进了不同文化之间的沟通交融。在设计领域,地域特色的审美文化和国际化的设计语言共同构成了当代设计的语言和理念,国际环境成为地域文化交融的平台。设计者在国际化的环境中基于地域文化特征,用现代国际化语言实现作品的设计,形成了当代设计多元化与国际化的格局。

"国际化"一词很早就出现在政治、金融、经济等科学领域。20世纪90年代,设计领域也开始强调国际化的概念。国际化提供竞争贸易的舞台,提供设计理论、方法、制造工艺、设计语言等设计基础资源分享的平台,是社会发展不可逆的趋势。而国际化不单是一个舞台或平台,随着国际化进程的推进,也形成了诸多国际风格,如简洁风格、自然风格、小清新风格等,被各国人们所接受。国际化发展势头强劲,在不远的将来,随着国际文化融合的加强,国际化观念深入人心,最终将形成真正的国际性文化。

多元化是在国际环境的背景下,不同民族、不同地域特色文化特征的集合,是同一时期不同地域或同一地域呈现出的思想、风格等方面的多样化。多元化必须建立在不同文化背景相互联系的基础上,离开了相互联系的设计在一定程度上失去了研究意义。多元化有着被动和主动之分,或者是静态和动态的区别。被动多元化是在地域文化基础上,在特有的文化观念、生活习惯、审美意识的影响下形成的设计特征;主动多元化是以满足现实中不同生活和兴趣爱好的人群,对传统文化的继承、发展呈现出的新的特征的集合,这也是本书就传统文化与当代设计研究的重点。

多元化与国际化两者相辅相成。香港城市大学原校长张信刚先生曾提出"C++"工程,"C++"代表"Creative Chinese Culture",即创造性的中华文化。第一个"+"是选择性的继承中华文化;第二个"+"是学习世界各地的优秀文化,并有选择性地吸收到我们的文化体系当中。向世界贡献一场多元文化盛宴,离不开对传统文化的研究。正因如此,世界各地区加强了对传统地域文化的研究,如中国东北辽金文化研究和云南东巴文化研究等被列为国际性课题。

在设计多元化过程中,呈现出了文化地位的不均衡。尤其在我国广告设计中,即便目标为本国用户,也会出现许多西方人物形象,并寓意先进、富裕,而非洲黑人往往代表落后、窘迫。这种经济地位的不均衡还体现在强势国家或地区文化对弱势国家或地区文化的侵蚀作用,如美国的麦当劳广告画面完全是中国传统文化的元素;迪士尼动画《花木兰》是完全西方化的故事结构;日本诸多拥有知识产权的网络游戏是基于中国历史典故等。因此,建设我国完善的设计环境、促进文化产业发展成为一个紧迫任务。

三、绿色可持续设计

早在20世纪60年代,美国设计理论家维克多·巴巴纳克就提出了绿色设计思想,他强调设计应该认真考虑有限的地球资源的使用,为保护地球的环境而服务,但当时还不能被大众所认同。随着人类生存环境的日益恶化,可用资源日趋枯竭,已开始制约各国经济的进一步发展,甚至开始影响人类的生存繁衍,"有计划的商品废止制"之类的设计行为被消费者视为鼓吹人们消费的罪魁祸首,"人类可持续发展战略"呼之欲出。20世纪80年代末,美国掀起了"绿色消费"浪潮,继而席卷了全世界,加入了节能、环保设计理念的家电随之不断涌现。绿色设计在20世纪90年代成为现代设计技术研究的热点问题,各国也将绿色环保的理念融入其他行业。

绿色设计的核心"3R1D"(Reduce、Recycle、Reuse、Degradable,即不仅要减少物质和能源的消耗,减少有害物质的排放,而且要使产品及零部件能够方便分类回收并再生循环或重新利用),在很大程度上顺应了消费者的心声。绿色设计理念得到推广并取得一定成效,资源、环境问题也得到一定的控制,但是设计鼓动人们消费的性质没有改变。如果说消费者的"绿色消费"口号是一次对设计界的反抗,那这次反抗很快被镇压了。近年来,出现了打着绿色环保的旗子而鼓动消费的行为,如家电行业开始使用无铅锡、环保塑料或节能优化技术等,然而这种设计理念却仅仅是为了满足消费者环保、绿色的心理。消费者在诱导下多会进行购买。消费者如若真心提倡绿色环保,就应尽量减缓电器的淘汰频率,这显然是种盲目性消费。

绿色设计仅"3R1D"理论还不够,仍需要深入研究,如设计管理的优化、绿色生活方式的研究等。所谓绿色,并不只是摆在消费者面前的草绿色的装饰、竹木材料和回收材料、LED照明、太阳能发电、环保概念的深入理解等。对于当代人的生活来讲,绿色的本质也并非舒适、清爽的感觉,而可能是一种回归朴素、心归自然,甚至是艰涩乏味的生活。绿色设计本身是无利可图的,它应该倡导一种和谐的生活观念,倡导多一些精神上的思考、少一些物质上的占有。在这一点上,传统文化为当代人提供了设计与生活的智慧源泉,如《易经》中"阴阳互生""生生不息"的观念,道家的"无为""慈""俭""不为天下先"等,儒家的"天人合一""俭用节欲,寄情山水,完善人格,提升人生境界"等。

四、以人为本的人性化设计

人性化设计的基础是人体工程学的出现和发展。人体工程学起源于欧美，第二次世界大战（简称"二战"）中在坦克、飞机、枪械等武器的研究中有了进一步发展。"二战"后，各国把人体工程学的实践和研究成果，迅速有效地运用到建筑设计、工业设计中去。20世纪六七十年代，经济的快速持续发展，社会物质财富的急剧增加，人们生活水平不断提高，设计已不再满足于"二战"时期的简洁、实用、耐用的原则。因而到了20世纪80年代，人性化设计逐渐被业内所重视，也出现了商业思想下形式主义的泛滥。

20世纪80年代末，人性化设计观念基本成熟。针对形式主义设计思想的缺陷，基于功能主义之上，结合美学、人机工程学原理，人性化设计提出设计不应该以夸张造型、鲜艳色彩等形式博得市场竞争力，而应该把人作为设计的出发点，使设计作品能够很好地服务于人。人性化设计根据马斯洛需求层次理论可细分三个层次。生理层次，要求充分运用人机工程学原理，考虑设计作品的空间尺度与人体尺度的协调，有很好的交互性；心理层次，要求设计满足大众基本心理需求，达到科学性与艺术性的完美结合，适合消费者的经济水平且获得美的体验；社会层次，基于心理层次上对消费群体，包括年龄段的细分、职业、地域的细分等，对消费者进行深入研究，以更好地满足消费者的完美人格。

在人性化设计中，传统文化的研究是为"人性"进行的定性研究，传统文化的习俗、规范、情感、人际及社会关系共同构成"人文环境"，是人性化设计第三层次实现的基础，进而形成"以人为本"的设计。随着技术水平的提高、消费性质的转变，人们对人性化设计有了新的理解和要求，设计加入了对消费者感情、观念的考虑。20世纪90年代，日本形成了感性工学，并将感性工学技术和理念全面导入包括住宅、服装、汽车、家电产品、体育用品等在内的产业界，出现了智能化设计、情感化设计、绿色设计等多种设计理念。近年来智能化设计的巨大发展，呈现出划时代的潜力，它包括智能化建筑、智能化家居、智能化办公、智能化电子产品等行业，以高效、环保为理念。智能化设计进一步提高人与环境（产品）的交互能力，突出资源的整合能力，依托计算机技术、网络技术实现人与环境方便快捷的协调。

第三节　当代设计语义与中国传统文化

我国拥有古老的文化，各个时代的器物也以其鲜明的时代特征闻名于世。然而，近一百多年来，我们没有形成自己的设计特色，这是因为我们盲目地学习西方，放弃了对本民族传统文化精髓的挖掘。虽然设计界的前辈对传统文化和传统手工艺进行了大量的、广泛的研究，也很完整地认识了解过符号学、语义学的基本理论以及在设计中的应用，但极少有人在设计语义学科基础上对我们的传统造物思想、先民在设计活动中的语义编码解码思维以及体现在人造物上的语义符号进行分析和整理，这显然不能解决中国当代设计缺少本民族特色的问题，因此，将设计语义学的理论与方法应用于解决民族设计本土化的问题是非常必要也是非常合适的。

一、设计语义学与文化

随着社会的高速发展，工业进入了高科技阶段，信息化已经被迅速广泛地应用到了人类生活的方方面面，信息时代的到来，使设计处于一个重新构造视觉语言的时代。毋庸置疑，设计精良的物件总是人们视觉的焦点。然而，目前市场上的大多商品总是不那么让人满意，复杂的操作过程、令人难懂的使用说明书等，使得产品越来越"黑箱化"，让消费者不明白怎样使用它，并为此感到十分困惑。芬兰著名工业设计师汉诺·科赫伦曾说，"我对那些过分的设计、反自然形态的设计感到厌倦，它们使产品更加复杂而难以使用，在我看来，理想的产品应有助于日常的生活并尽可能给人们带来欢乐"。如何使产品摆脱"黑箱化"，重新构造当代设计物品的造型语言，是当代设计师应该认真思考的问题。设计语义学作为后现代主义浪潮中出现的设计指导哲学，为人与设计物品之间建立了沟通交流的桥梁，解决了设计物品"黑箱化"问题。

设计语义学来源于符号学理论，是20世纪60年代兴起的一门研究设计意义与设计语言意义的设计理论学科，是设计学与语义学的交叉学科。所谓语义，顾名思义指的是语言的意义。设计语义学是设计理论走向成熟的表现，强调设计语言的编码与解码过程的关系，使高科技、信息复杂的技术产品能够保持解码与操作过程的简易性和大众化。与此同时，设计语义学强调设计符号除了具有功能内涵外，还必须具有人文内涵，即重视设计物品对使用者产生的文化、精神和心理的影响。因此，设计者必须了解不同消费对象的文化背景与心理需求，通过意指、隐喻、比喻等语言手法进行编码设计，以创造符合消费者文化需求的设计作品。

关于文化的定义我们在上一节已有简单的探讨，从文化的分类来看，文化又可以分为"形文化"与"质文化"。"形文化"指的是一切有具体的形式，需用五官感知的文化。音乐、语言、文字、绘画、雕塑等是高层次的"形文化"，低层次的则包括普通大众的饮食习惯、行为方式所体现的民俗民风等。"质文化"其实是一种精神文化，指的是一切抽象的文化，高层次的包括宗教、哲学、思想等，低层次的包括民族心理素质、大众思维习惯等。设计作为一种"形文化"，不仅指设计活动中包含的美学原理，在设计哲学中也提出了文化的内存本质、层次结构、内部关系及与其他社会生活现象的关系。

设计"形文化"这种看似肤浅的表面文化，其实对于强化民族自我存在意识，增强民族凝聚力有着重要作用。然而，在我们目前的设计中出现了一种自我文化缺失的现象，且有两种不同的发展趋势：一种为盲目地照搬西方设计模式，完全用西方的理念设计符合西方生活方式的中国产品；另一种为"古董的再现"，即一味地仿古，将古代器物的形态、装饰等原封不动地硬贴在当代产品上，整个产品显得极为别扭，这似乎将本应该陈列在博物馆的古董搬到了现实生活中。我们固然可以学习西方当代先进的设计理念，但不应该盲目地照搬，这种照搬只能让我们越来越失去自己的东西，被别人牵着鼻子走。我们一直主张要和西方接轨、交流与对话，这种接轨、交流必须要有自己的东西，要有本土文化内涵在里面，否则只是东施效颦，让别人耻笑而已。我们也可以从中国的传统器物入手，挖掘隐藏在器物背后的"事"与"理"，探寻当代设计的源头活水，但不能一味地仿古，不能流于传统器物的表面形式。仿古只是一种低层次的"文化旅行"，只会限制我们创作的眼界与思维。中国当代设计的两种发展趋势都表明，我们的设计作品缺少具有本土文化内涵的东西，因为缺少文化内涵，我们才会变得茫然不知所措，以致在设计道路上迷失方向。日本的设计作品既可以简朴，也可以繁复，既能严肃又能单纯，既有楚楚动人的一面，又有现实主义精神，这是一种东西方文化碰撞后的交融。日本的设计作品散发出一种浓浓的东方韵味，能让人仿佛置身于一种静、虚、空灵的境界，这不正是我们所要寻找的吗？事实上，日本的很多自称为本土的文化大都是从中国流传过去的，如日本的"禅宗文化"。而中国的当代设计为何不及日本？这是我们值得深思的问题。从日本的设计作品中我们发现，他们的作品之所以如此优异，是因为他们可以积极地学习西方先进的思想，且对于本民族的"形文化"，诸如服饰、茶道、建筑等保留得完好。而中国的"形文化"，除了祥云、太极、旗袍、京剧脸谱等用来"体现"中国五千多年的文化，我们已经越来越失去自己的民族特征了。如何将传统文化通过当代设计语义传达出本土文化的内涵与气质是值得我们当代设计师深思的问题。

二、从传统文化角度研究当代设计语义学的意义

运用当代设计语义学进行本民族文化特色设计，是实现由"中国制造"向"中国创造"的必由之路，是当代设计师永不停歇的工作内容，也是我们当代设计师应具有的责任与使命。我们的研究可以从影响中国几千年的"形而上"的传统文化思想与传统文化思想影响下具有代表性的"形而下"的古代器物、符号两方面入手，总结出一个适合当代设计理念的设计准则，找出其在语义学方面的特征和层次，从而为中国特色的当代设计起到指导作用。回顾中国当前的设计，可以说我们最大的劣势就是没有特色。每个民族、每个地域都有其文化特色与存在的价值，都会反映到相应的"物"的设计上，以形成不同的设计特色。而目前我们国家的设计特点是仿造能力强，自主研发能力不够，总认为西方发达国家的东西就是好的，设计研究也只以欧、美、日等先进国家的生活形态、主题、标准、研究方法为依据，认为这样才算是好的研究或是先进的研究，才是符合学术水准的研究，却不将我们自己的生活特点、行为习惯反映到设计中，以至于我们对咖啡壶的熟悉程度远胜于对茶壶的熟悉程度。从中国设计的长远发展来看，要想赶上西方强国，就必须要认识

自己的文化，了解自己民族的民俗、民风，用心体验自己的生活，细心观察周围生活中的每一件事物。

设计语义学作为连接设计物与文化之间最直接的纽带，具有重要的意义。从当代设计语义学的角度来研究传统文化，将传统文化符号运用于当代设计，能解决目前中国设计无特色的问题，完成低附加值产品向高附加值产品的巨大转变。同时，对于中国的企业来说，具有文化特色的产品也是对企业文化的无形宣传。目前我们主要的问题是一直忽视对中国传统文化的研究，即使有少量的研究，也只是对某个时期文化表面符号的研究，较少从文化的来源、民俗民风、行为习惯、消费特点与生活环境等方面综合考虑，无法提炼能适应当代生活方式的带有民族特色的文化符号，更不能将它们运用到当代设计语义中。20世纪70年代末至80年代初，中国艺术设计的发展开始分出两条主线：一条是对20世纪80年代之前工艺美术的继承发展，重视传统文化与手工艺制造经验；另一条则是对20世纪80年代以前工艺美术与传统文化的否定与批判。前者是对传统文化的死守，后者则是对传统文化的决然抛弃。很显然，这两条发展路线是导致当代设计艺术与传统文化断然失去联系的"罪魁祸首"。然而对于这些问题的解决，我们可以学习日本，在处理传统文化与现代设计的关系中采用"双轨制"，在服饰、家具、室内设计、手工艺品等低层次技术的设计领域研究传统，以保持传统风格的延续；在电子信息产品、交通工具等高技术设计领域则按现代经济发展的需求进行设计。这些设计在形式上虽与传统文化没有直接的联系，但设计的审美思想还是会受到传统美学的影响，如小型化、多功能等。日本通过"双轨制"使传统文化在当代设计中得以传承，那么中国的当代设计呢？是否也应该在一味地响应"设计促进经济快速增长"口号的同时，停下脚步来思考如何对待传统文化？

第四节　中国当代设计与传统文化融合的必要性

近代中国对传统文化的讨论由来已久，如"中国文化赞美论""中国文化复兴论""批判论"等，可谓百家争鸣。20世纪90年代普遍形成了对传统文化的保守主义思想，这里的"保守"并不能简单理解为"落后"，而是在当时激进主义思想下努力对传统文化做出的一种更加中性、更加符合历史实际的解读。

一、中国设计时代发展的要求

20世纪20年代，在中国单薄的工业背景下，陈之佛、雷圭元、庞薰琹等人开始了现代设计教育工作。有着留学经历的老一辈教育家一直对传统文化十分推崇，受上海外滩英商汇丰银行等建筑所呈现出的古典风格的影响，中国设计开始思考建立中国传统风格的问题并取得一定成绩，形成了极具影响的"民族形式"建筑设计潮流，如南京中央博物院大殿、南京灵谷寺阵亡将士纪念塔、南京中山陵和陵园藏经楼等建筑的设计。这时中国现代广告设计开始起步，在上海出现了一些广告公司和广告画家。由于西方广告不符合中国消费者审美需求，西方广告公司开始聘用中国广告画家，在广告中加入了中国元素，如戏曲人物、花鸟鱼虫等。同一时期，中国传统手工艺也获得一定的发展。由于工业基础薄弱，中国长期处在手工业时期，因此在这一时期并未在设计上进行传统文化的深入研究。

20 世纪 80 年代，中国设计迎来了新的发展，社会开始显露出对设计的需求，传统美术与设计开始融合，以适应刚刚兴起的工业化建设，设计理论得到进一步发展。同时，国外设计被再一次引进。与 20 世纪初期引进时不同，这次引进使我们认识到了设计在西方强大的工业化背景下所发生的新的变化，感叹西方强大的生产力水平和消费水平，设计领域开始了新的"西学东渐"。长期受"来料加工""仿制仿冒"、简单模仿西方的"先进"、民间手工业衰落、社会思潮起伏等因素的影响，造成了设计的模仿与盲目发展，传统文化在设计中处在不被重视的地位。20 世纪 90 年代，国家学科建设将工艺美术各专业招收研究生的专业目录用"设计艺术学"取代了"工艺美术学"，本科招生的名目也改为"艺术设计"，一定程度上体现了手工业到工业的过渡，提供了基于工业背景下对传统文化认知的平台。李砚祖编写的首部《工艺美术概论》对传统工艺与现代设计的关系进行了阐述，指出对工艺美术所进行的文化研究是研究中华民族艺术的需要，工艺文化学、工艺学是整个民族艺术学的一部分。

二、品牌建设的需要

21 世纪以来，随着生产技术的不断进步和信息时代的到来，产品本身之间的差异性越来越不明显，国内消费市场的总体趋势出现了消费者对品牌忠实度的不断增加，尤其是在家电、食品、服装类产品方面表现得十分明显。随着我国市场经济的逐步完善，企业间的竞争由传统的产品竞争转为品牌的竞争。在企业的品牌建设中吸取传统文化的精髓，古为今用，是品牌策划的一大趋势。企业通过产品满足用户需求，同时传递了企业文化精神，使得产品更亲近用户，与用户产生共鸣。

在我国，很多名优品牌都是通过传统文化进行品牌建设，如汾酒"杏花村"。"杏花村"三个字很容易让我们联想到杜牧《清明》里"牧童遥指杏花村"的诗句，顿时一幅优美的画面展现在脑海。类似的还有剑南春、金六福、舍得等近乎全部的白酒品牌。

海尔是我国大型家电的优秀品牌，海尔的品牌建设是通过对国内外优秀文化的借鉴、改造，不断进行观念创新、管理创新的成果，是具有典型中国文化特色的中国式品牌。海尔无论是在企业内部管理，还是在用户服务上，都体现了"诚信""仁爱之心""以人为本"的思想。

真功夫作为当今中国中式快餐的代表，以"功夫是中国数千年的养生文化瑰宝"为定位，采用传统"蒸"的健康饮食文化，从而确立了"真功夫"品牌。真功夫在视觉形象上选用中国"功夫皇帝"李小龙的类似头像,给人以"亲切、健康、活力"的联想,与"油炸"的西式快餐形成了鲜明对比。

只有把优秀的传统文化融入生产、产品之中,才能提升品牌的附加值,扩大品牌价值的资源,也才会产生高质量的品牌。

三、创意产业的兴起

20世纪七八十年代,随着电子信息技术的广泛应用,人类发展迎来了后工业化的时代。消费形态的转变,促使文化创意产业兴起。2002年,台湾开始推动"文化创意产业发展计划",随后深圳、上海、北京等地也相继开展类似计划。近年来,我国文化需求快速增长,文化消费水平在进入21世纪以后逐年攀升,并向高品质、多样化和个性化发展。而今,我国文化产业在经历了萌发、形成阶段后,进入了发展阶段。

创意产业是一种"文化+创意=财富"的产业类型。传统文化是创意产业的根基和源泉。中国传统文化源远流长,是世界上唯一绵延不绝发展至今的文化类型,无形中为中国发展创意产业提供了得天独厚的优势。依托文化创意产业的发展,传统文化迎来了发展的黄金时期,传统文化的价值以最直接的经济形式展现出来,成为经济发展的重要力量。云南和山西两地创意产业的发展是用传统文化资源发展文化创意产业的成功案例。

云南民间工艺曾面临生存危机。随着创意产业的兴起,在旅游业兴盛的背景下,云南民间工艺通过融入现代设计创意理念,与市场接轨,将传统工艺品再设计,成为旅游工艺品,实现了经济效益和社会效益的双丰收。雨田陶制品的设计运用后现代艺术构思,结合重彩画艺术,使之蕴含了西方现代艺术的韵味,备受人们青睐;蜡染中的许多传统图案展现了云南地方民族特色,同时又与现代艺术流派相结合;云南省西双版纳傣族自治州的各族群众按照市场需求发挥传统手工艺的优势,将傣锦、筒帕和民族荷包等小工艺品推向旅游市场,取得了良好的经济效益,为当地上万名少数民族群众所推崇。

山西文化产业以打造山西本土文化品牌为己任,以展示山西本土文化为特色,把悠久丰厚的三晋历史文化通过现代、尖端、时尚的动漫、游戏、三维动画等表现出来,快速推广到全国及世界各地,取得了很多充满"山西味"的文化成果。在全国范围影响较大的大型电视人文纪录片《晋商》,首次以全景式系统地展现了晋商文化的兴与衰、成与败、经验与教训等;电影《暖秋》的播放在全国掀起一股呼唤人间真情的热浪,这部由一个名不见经传的小厂低成本拍摄的电影成为2004年全国电影票房的一匹黑马;山西舶奥动画制作公司创作的环保动画片《衡》中,黄土高原、龙、古琴等传统符号构成了其鲜明的风格,并在美国弗吉尼亚举办的2006年第四届视觉电影节上喜获最佳动画放映奖和最佳2D动画影片奖两大奖项。

目前,我国文化消费还有很大潜力,文化产业发展的空间巨大。传统文化与创意产业的融合发展,担负着发展新型经济、传播中华文化、增强国家文化软实力的长久重任。

四、构建我国当代设计理论体系的必经之路

构建和完善我国的设计理论体系是摆脱西方文化与设计控制的核心。教育家张道一非常重视设计的理论教育，他认为理论研究的深入程度是衡量学科发展的最重要指标。对于中国设计理论的研究，张道一提出了重要两点：一是研究设计艺术的性质，二是探讨设计艺术的规律。因此，在工业化背景下，针对传统手工艺的研究仍具有重要理论意义。20世纪80年代，田自秉编著的《中国工艺美术史》是我国首部完整的工艺美术史，展示了对中国工艺美术器物文化的系统研究成果。随着工业化的发展，中国工艺美术对中国古代设计案例和设计思想的挖掘一直在进行。比如，关于道与器的论证，《易传·系辞》曰："形而上者谓之道，形而下者谓之器。"形而上者，泛指事物的一般规律、准则，即所谓道；形而下者，指具体事物或操作，即所谓器用。二者相互联系，非器则道无所寓，非道则器无所主。明代哲学家王阳明又讲，道是器之始，器是道之成。人要认识并改造客观世界，就得学"道"，而要使道转化成实际工作能力，必须经历一个非常复杂的由道到器的实践、精神和心理过程。此类的例子还有"天人合一""以人为本""阴阳五行说""兴、观、群、怨"等设计思想。这在当代建筑设计、环境艺术设计、产品设计等理论建设中仍具有指导意义。

我国当代设计理论体系也继承了传统设计的相关论著，如《考工记》《天工开物》《园冶》《营造法式》等。其中《营造法式》是对北宋以前中国古代建筑设计理论体系的一次体系化总结，"中和"思想为该书的核心，是中国文化的核心精神，是人类追求的目标，也解决了当代人如何与自然和谐共存的问题。《营造法式》立足于"一种理想——中和精神""两大系统——文辞与图像""六大范畴""十三大类型"等方面，构筑起了富于时代特色的建筑设计学体系。这一体系是当时人文思潮与技术思潮高度融合的体现，充满两宋时期崇尚理性、追求高雅、关注科技与人类文明的时代精神，具有重大的现实价值和理论意义。

第三章　当代设计对中国传统文化的传承与发展

当代设计语境中民族话语的"失声"和传统文化、民族文化研究的走向自我封闭，从不同的层面体现了传统文化与当代生活、当代设计的脱离。当代设计是对传统文化的传承和发展，而不是否定，一旦割裂了传统文化与当代设计的联系，当代设计必将黯然失色。如何在当代设计的交融开放中传承传统文化，以实现传统文化的推陈出新，是构建中国当代设计文化特色体系，促使中国当代设计走向世界，进而在世界设计领域独树一帜的重要路径。

第一节　解读中国古代文化艺术思想与设计的传承观

一、古代文化思想艺术的传承

中国传统文化的主要特点：在人与自然的关系上重视人与自然的统一，在人与人的关系上重视人与人的和谐。中国哲学向来不认为人与自然是敌对的关系，而认为人与自然是相辅相成的关系，人与人之间更应互助合作。儒家文化在处理个人与社会的关系中，提倡庄重自制，重视教育感化，追求技能，提倡社会责任感和勤奋工作，很少强调私利，这就形成了追求群体的和谐及有效率的发展，表现出比个人主义文化更大的优势。

中国审美文化和谐的根本精神，贯穿于中国审美文化各因素、各层次、各维度的种种具体关系之中，形成中国审美文化的一些基本特征：儒、释、道的美学观念和审美思想，是构成中国审美文化的基本元素和基本内容；感性和理性的融合是中国审美文化的一大特点；伦理性与审美性的结合，即美与善的结合，是中国审美文化的另一个特点。在经济全球化的背景下，思想意识和物质形态日趋大同，守住我们传统文化的底线是中华民族屹立于世界文化之林的基础，而中国古代的文化艺术作为中国传统文化的重要组成部分，不论过去还是现在，依然是我们设计创新的源泉。

中国古代文化思想是中国特定社会历史条件下的产物，因而受当时生产力发展水平、社会制度的影响。不同时期，生产力发展水平不同、社会制度不同，思想文化艺术也呈现不同的形式。因此，对中国古代文化思想做一个全方位、概况式了解，可以为当代设计提供方法论的基础和思想创新的源泉。

（一）原始造物思想下的陶文化

原始社会是人类从猿类分化出来之后所建立的第一个共同体，也就是人类历史的第一阶段。原始社会以亲族关系为基础，以母系社会为前提，人口很少，生产力低下，人类此时的思想意识特征可用一个词形容——"混沌"，即处于一种与自然分化而又附属于自然的矛盾之中。这一时期是人类自我意识和灵感思维开始萌芽的阶段，人类对于超自然的外物有着从未知、恐惧、新奇、探求到渴望、征服的心理过程，并企图以器物为媒介，通过巫术等活动与神灵沟通，从而达到"天人相通"的目的。

旧石器时代，人类已经开始尝试利用自然之物创造生产工具。新石器时代，原始社会进入全盛时期，人们开始创造出复杂的生产工具并发明了陶器。旧石器时代的工具，基本上以功能为主，几乎没有任何装饰性，但是随着人们对石器的反复使用，对其造型、用法产生了新的想法，萌生了审美的意识。正如弗朗兹·博厄斯所说："在人们精通了某种制造技术之后，自然产生了对某种形式的追求，这就是艺术的基础。"随着这一思想的演变，人类社会逐渐步入新石器时代。这一时期，陶器的发明更加清晰地反映出了原始社会的设计思想和原始人类的造物观。

以仰韶文化出土的人头形彩陶为例，该作品是以女性为表现主题的形态设计，交织着原始初民对宇宙生命诞生的想象和敬畏以及对女性繁殖的崇拜心理。人头形彩陶瓶口外部设计成少女的头像，眼部、嘴部造型挖刻而成，面颊、下颌、鼻子造型准确，比例恰当而精细；前额短发形态齐整，瓶身巧妙地成了塑像的身体或台座，形态清秀而传神。

红山文化出土的泥塑女神头像是巫术活动下的产物。人们将女神崇拜文化中有关生育神、农事神、地母神等内容以混沌状态融入器物的形态设计中，因而整个泥塑女神头像形态设计显得十分威严庄重，稳定感和比例感完美而和谐。

这一时期，人类与自然的联系十分紧密，对自然的态度依旧以依赖和崇拜为主。我们可以从这一时期的陶器装饰中发现，大部分是几何纹、动物纹、人物纹、植物纹等，这些都源于原始人类的自然崇拜、生殖崇拜、祖先崇拜和图腾崇拜意识。这也是人类尚未脱身于自然崇拜的表现。自然和自然界的一切现象，如风雨雷电、日月星华，都带上了神秘的气息，人们无法参透其中的奥妙，故而会以一种十分虔诚的态度去效法和模仿。

鱼纹系女阴的象征，娃纹也是女性生殖器的象征，表明原始社会人们对于生殖的崇拜。基于此类纹饰的研究颇多。这表明，原始社会人少，生产力低下，大部分生产劳作靠人力完成，因此，对于人类自身再生产及繁衍的需求迫切。同时，对于生命繁衍的生产过程充满了好奇和不解，也是原始人类生殖崇拜的重要因素。

在陶器纹饰中，生殖崇拜的代表纹饰常见的有鱼纹、蛙纹、花卉纹，而少见其他，主要原因有三：一是纵观人类发展史，原始人类最初都出现于大江大河流域，以渔猎采集为生，农业发展也要依靠大河灌溉，习惯傍水而生；二是鱼、蛙、花卉为多产型生物，是原始人对于生育多子的一种期待；三是鱼、蛙及花卉纹饰从某种程度上讲与女性生殖器有一定的相似性。

总体来说，原始社会的人类，无论是生殖崇拜、自然崇拜、祖先崇拜，还是宗教、巫术、神话，皆虚幻或歪曲地反映出原始人类生活与自然的矛盾。人类渐渐脱离自然的束缚，在自然中艰难地生存与寻找自我，困难重重，自然界的神秘让人类充满了好奇和探索的欲望。然而，人们的思想仍然局限于这些"是什么"，而不是"为什么""怎么办"，因此更多地反映在装饰艺术中的是对自然界的模仿和本能的审美。这体现出人类最原始也最本真的设计思维和意识，其中的粗糙和简易，也多了一份毫无修饰的对自然的崇敬和热情。

（二）宏伟壮观的商周青铜文化

我国是世界上最早进入青铜时代的国家之一，青铜器种类繁多、多制瑰丽、花纹繁缛、工艺精湛，充分体现了中国青铜器特有的艺术魅力和鲜明的民族风格，构成了我国无可替代的青铜文化，其独特的精神内涵和形式意味有力彰显了"宏伟壮观"的崇高之美。

由夏及周，青铜文化在精神与指导思想上经历了由遵命、尊神到尊礼、尚德的演进过程。这实际上是人类理性意识和宗法伦理制度进一步发展的过程。然而，不同社会意识形态下的青铜器也呈现了不同的形态。在奴隶社会早期便有夏启铸九鼎之说，《左传·宣公三年》记载："昔夏之方有德也，远方图物，贡金九枚，铸鼎象物，百物而为之备，使民知神奸。"此时青铜器作为服务于统治阶级的器物，其形态的大小及数量的多少用以象征不同的身份地位。随着制造技术的进步，青铜器又成为服务宗法神权思想的载体。在家族中，青铜器是祭祀祖宗的重要礼器，王公贵族则让奴隶们制作最大的、超越一般的青铜器作为国家祭祀活动中的重器。这时候的青铜器形态呈现出体积庞大、重量感强的特点，如同纪念性建筑一样。进入周代以后，伦理意识的天命观代替了抽象意义的崇拜意识，道德继承替代了血统继承，德行替代了祭祀，伦理文化替代了巫术文化，青铜文化受其影响，开始世俗化，并渐渐地融入普通百姓的生活当中，其形态也不再是一味地大而繁重，慢慢地趋向于小型体态的发展。

春秋中后期，诸侯之间连年战乱。随着宗法制度的松动及"士"阶层的崛起，东周社会出现了"礼崩乐坏"的局面，致使青铜器的造型和纹饰极力追求清新美观。在百家争鸣的学术氛围下，民本思想的出现促使部分青铜器逐步走向日常生活领域，青铜器的纹饰也极力表现现世人生的美好生活。从夏、商、西周发展而来的铸造技术，适应了社会对青铜器庞大的数量需求，多种多样的表面装饰工艺满足了人们对青铜器的美观追求。其中，"士"阶层的崛起与民本思想的出现，对青铜器艺术发展演变产生了极为重大的影响。

以"士"阶层的崛起为例，由于铁制农具的出现和牛耕的普遍推广，农业生产率得到大幅度提高，可以养活数量更多的"不耕而食"的"劳心者"，这为"士"阶层的崛起奠定了物质基础。在宗法制所建构的等级秩序下，"士"属于最底层的贵族。然而到了东周时期,"士"已经是人身关系较为独立而思想又比较自由的特殊阶层,在大国争雄称霸的政治与军事斗争中,东周各国的君主都在费尽心思招揽人才,这为"士"阶层充分施展他们的聪明才智提供了广阔的空间。由于轻天重人观念的盛行,拥有一定知识、独立思想和政治地位的"士"取代了巫、史、祝、宗等神职人员左右青铜器风格的特权,再加上各级贵族对礼乐制度的僭越,导致了对青铜器需求的骤然增多,这就促使传统的青铜器铸造工艺出现了革新。

以民本思想的出现为例,知识的下移、私学的繁盛、独立思考的产生,使东周时期的士阶层涌现出一大批优秀的人才,如思想家老子、孔子、孟子、荀子、墨子,政治家管仲、晏婴、子产,军事家吴起、孙武、孙膑,纵横家苏秦和张仪等。由于思想上的活跃,自然会涌现出各种各样的学术流派和分支,形成了东周时期百家争鸣的繁荣局面。以此为背景,民本思想的出现使东周时的青铜器由传统的礼器范畴朝着实用和美观的方向上大步迈进。此时的青铜器出现了两种并行的发展趋势:一部分器物由于采用了多种表面加工工艺而变得异常华美,成为贵族阶层把玩的珍奇。四羊方尊器形简单,少有纹饰,更加突出了实用功能。青铜器上的纹饰最能反映出东周民本思想的流行。自春秋中期开始,青铜器的纹饰一反西周疏朗通达、秩序规整的总体格调,变得清新俊朗。由早期动物纹演变而来的蟠螭纹和蟠虺纹,此时没有了神异色彩,那些反映现实生活的宴乐、采桑、攻战、狩猎等新式纹样,则更加清新。

(三)囊括宇内、气度非凡的秦汉文化

秦汉时期,国力空前发展,经济十分繁荣,时代更加开放,人们与外界之间有了更加广泛的联系。秦汉王朝建立了中央集权的国家,使国家疆土领域大为扩展,各民族呈现出一派欣欣向荣的融合之态。与此同时,秦汉王朝加强了对边疆地区少数民族的有效管理,拓展了疆域,加强了内地同边疆地区的经济文化交流。先有张骞出使西域,后有东汉班超出关,中原与外邦的文化交流逐渐增多,为艺术的繁荣和发展奠定了文化基础,提供了社会条件。各个地域文化的冲撞和交流,呈现了融合性、多元化的文化特征。秦汉艺术通过对先秦艺术的提炼,继承和发扬了多种形式艺术与技术,造型意识从萌芽逐渐趋于成熟;对周边邦国艺术的融汇,特别是西域与佛教外来艺术,丰富了绘画与雕刻的题材与技法,并表现出极高的原创性,从而形成了囊括宇内、气度非凡的艺术特征。值得一提的是,这一时期,无论陶兵马俑、歌舞俑,还是画像石、画像砖,工匠在用特殊的艺术手法塑造和描摹古代著名人物、神仙妖魔和珍禽异兽的同时,也能以写实的手法描绘当时生活中的达官贵人、文臣武将乃至工匠农夫。

以秦汉时期的龙凤纹为例,龙凤文化作为中华民族的精神象征,在国力强盛、文化融合的秦汉时期十分盛行。随着国力的增强,社会的繁荣,龙凤纹的刻画也更加气势恢宏。龙纹宏大深沉,凤纹生动豪放。工艺技术的进步,使龙凤纹的刻画更加详细写实,贴近生活,造型与构图更加注重形式美感。封建社会阶级制度的建立,也使龙凤纹饰赋予了更多

的政治内涵和权力的象征意味。龙凤纹从代表人们原始的图腾崇拜、对神仙生活的向往，更多了一层社会权位的象征。统治者使用龙凤作为权力象征，实则是利用了图腾崇拜在人们心目中的崇高地位来强化自身的统治。在这一时期，龙凤纹样无论是从造型的变化还是在应用范围的扩展上，都拥有了新的突破。此外，龙凤图腾的阴阳角色也开始发生微妙的转换。这些现象都充分反映了这一时期龙凤文化艺术的发展状况及走向，体现出其自由奔放和蓬勃向上的气势之美。

秦汉以前的龙凤纹样虽然样式繁多，工艺水平也极其精湛，但其使用的范围较为局限，一般主要使用在玉器、青铜器、漆器及其他生活器物之上。秦汉时期，龙凤纹样有了更进一步的发展，被广泛运用到了建筑上面。这是一个划时代的进步，掀开了中国建筑装饰艺术发展新的历史篇章。龙凤的地位虽然在这一时期发生了根本变化，在汉以后出土的文物上也出现了龙凤纹样在位置、形状大小上"龙强凤弱"的现象，但在人们的心目中龙凤永远都是形影不离、互为依存的，这在我们的各种龙凤纹样艺术品中都能够清晰地看到，也充分体现了我国劳动人民崇尚阴阳自然调和的审美观念。这种永不分离的对应与结合关系，一直延续到了今天。

再以秦汉瓦当为例。瓦当作为一个建筑构件，没有秦始皇兵马俑的壮观宏伟，没有战国玉器的精雕细琢，但它是集浮雕、绘画、书法等艺术为一身的装饰附件，是我国的艺术瑰宝，焕发着独特的艺术魅力。瓦当是当代装饰艺术的源泉，是依附于我国传统文化背景下产生的具有本土气息的艺术形态，它的装饰艺术风格对当代装饰发展具有很高的艺术价值和审美价值。秦汉瓦当融入对图腾、神灵的崇拜，并创造性地运用夸张和变形的造型手法，对传统神灵形象进行再创造，并赋予其时代的新意。

简单来说，秦汉瓦当可以分为文字瓦当、动物瓦当、图案瓦当三类。其中文字瓦当古朴厚实、均衡对称、严谨端庄，不仅富有动感韵律和流畅线条，而且富有传统韵味及浪漫情趣。文字瓦当旨在表达事物内涵，提取简练的图案元素来唤起人们的联想与猜测，用不同的表现手法来传情达意，例如"山"字会运用简略线条刻画出连绵起伏的山的形状，"水"字利用流畅灵动、川流不息的简练线条表达其意境。秦汉时期最典型的动物瓦当非四神瓦当莫属，即青龙、白虎、朱雀、玄武瓦当纹样，它们是四方之神，体现了中华民族古代民俗以及辟邪求福的意蕴。秦汉时期的图案瓦当变幻万千，其中云纹瓦当最为典型，从云纹可以看出人类改造自然、发展自然的历史变迁，反映出了当时人们的内心期盼与思想意识。一个"形"的背后往往有其深刻的文化内涵和象征意义，其背后的"意"是人们对美好生活的无限期盼与执着追求。以云纹瓦当为例，它背后的意义是"吉祥""圆满""祥和""如意""生生不息"，运用浪漫主义的表现手法，含蓄恰当地渲染出建筑物神秘的气息。

（四）有容乃大的魏晋南北朝文化

魏晋南北朝时期是我国历史上一个长期混战的时期，中原大地战乱频繁，社会动荡，民族交融，从而造成了社会政治和思想文化的大变迁，佛学、玄学随之大兴，同时迎来了中国历史思想上的一个极度自由的时代。虽然社会处于战乱，但却为思想的自由、佛教的发展提供了肥沃土壤。在这一社会动荡时期，审美文化发生重大转变，人们从对客观世界的关心转变为对主观世界的关注，在人的行为、审美观以及文学艺术的发展都产生了巨大的影响。这种影响，体现在人物品藻上，注重对人的气质、才情的关注，张扬个性之美；体现在书画艺术里，抒写自由人生，追求神韵之美、任心表意之美；体现在诗歌中，抒发内心苦闷，寻求精神寄托，体现真情流露之美；体现在音乐的国度里，寄托人生忧愁，宣泄生命意识之美。在这种影响下，审美文化转向了人物的个性、心灵，表现出这个时代特有的重内在、重心灵、重个性的时代特征。特别是佛教的自然浸润，催化了人们对艺术的自觉，从而赋予了艺术领域在这个时期所表现出的交融与创新。

以佛教对陶瓷艺术的影响为例，这种影响首先体现在造物思想上。随着佛教传播的深入，在设计观念上，传统硕圆的形态已不多见，造型均向瘦削、高耸的方向演变，给人以端庄俊秀之感。这种变化的指导思想则是当时流行的玄学清谈思潮和大乘佛教般若空观的理论，体现了与玄佛思想、精神的交融。魏晋南北朝时期是"人的觉醒"的时代，士人的审美"清""秀""神""俊"，它通过士人的生活方式体现出来，并与造物发生联系。"秀骨清相"的艺术时尚，在陶瓷方面表现为青瓷的勃兴。青瓷给魏晋的士人以无限的想象。而流行很广泛的莲花纹和忍冬纹的装饰，首先是因佛教的影响而盛，其次因佛教与玄学的融合，逐渐演变为中国式的纹样。

其次，佛教对陶瓷艺术的影响还体现在具体的造物设计上。佛教与造物设计的融合，一直是佛教运用造型宣传教义的重要形式，构成了造物形式的新内容。在汉代造物史的延伸下，魏晋南北朝时期陶瓷艺术的演变是在遗传与变异的方式中进行的，清新、灵气的造物特色打破了秦汉以来的传统格局。瓷器工艺水平进一步提高，出现了许多新的造型。佛教的流行为一些非实用的陶瓷造型创造了新的机会，如在建筑装饰上常用的飞天、莲花等标志性图案渗透在陶瓷上，其中最具代表性的就是"莲花尊"。

再次，佛教对陶瓷艺术的影响也体现在装饰设计上。魏晋南北朝是宗教艺术兴起的时代，陶瓷艺术不仅在型制，而且在装饰上日臻完美。这时期古印度、东罗马、波斯等外来文化相继传入中国，融入多元文化的艺术在变革中不断发展。随着儒家礼教的衰微，崇仰个性和品格的玄学在东晋进一步得到发展，促进了陶瓷艺术的个性化和表现技巧的提高，突破了汉代程式化的装饰作风，出现了求新的风格，具有鲜明的时代特色。受佛教艺术的影响，一些与佛教有关的装饰题材逐渐兴盛。在装饰纹样方面，从商周到魏晋南北朝以动物纹样为中心的装饰题材已近尾声。随着佛教的广为传播，佛教艺术随之而来，陶瓷纹饰的题材增添了新的重要内容，纹饰中与佛教教义相关的禽、兽、佛像、飞天纹和植物纹样中的莲花、忍冬等日趋增多，且成为时尚纹样。随着佛教的中国化，莲花已逐渐失去了其宗教含义而成为优美的装饰题材。这种变化反映了社会的发展，人们在审美领域逐渐摆脱宗教意识和神化思想的束缚，而以自然花草为欣赏对象，获得思想上的解放。

总之，佛教的传入、普及和中国化对陶瓷艺术产生了深刻的影响，使魏晋南北朝时期的陶瓷艺术发生了根本性的变化。中国陶瓷因佛教文化而丰富多彩。佛教作为一种意识形态，借助陶瓷艺术渗透到人们的精神生活中，对中国陶瓷艺术的发展起到了很大的推动作用。

（五）集兼容并蓄、高扬自信为一体的盛唐文化

经过魏晋南北朝多元文化的涤荡，唐朝文化呈现出百花齐放、绚丽多彩的景象，不仅以辉煌的成就使华夏文明璀璨夺目，而且以深刻的内涵、强大的力度远播世界，为世界文明史绘写出辉煌的篇章。这一时期的大唐文化既有中外文化融合、物态变迁的时代特征，又有继承古老的传统、以通变求新意的民族特质。

同六朝一样，在面对外来异质文化时，唐朝采取的也是一种兼容并蓄、有容乃大的态度，不同的是大唐多了几分理性与自信。唐人以包容的开放的态度，吸收消化外来文化，繁荣的"丝绸之路"更体现了大唐文化的世界性。唐朝举国上下呈现出开拓进取的豪迈与自信和欣欣向荣的精神风貌，是任何一个朝代都无法与之相比的。这种政治统一、经济繁荣、与各民族亲切交往及对多元宗教融入的时代特征，使得大唐的设计文化丰富而烂漫。从佛像到建筑，到骆驼俑，再到金银器，整体上无不给人一种富丽堂皇、颇具力量与自信美的感受。佛教的设计题材、异域风格的装饰纹样、"尚大"的精神、以"丰腴为美"的审美风范，在大唐的设计文化中展露无遗。

以金银器为例，唐代是中国金银器发展的繁荣鼎盛阶段。大唐富丽精湛、中西合璧的金银器，是大唐文化、大唐精神的一个缩影。大唐在汲取异域文化并融于本民族文化的基础上，在金银器制作上形成了独立的民族风格。这个时期的金银器设计之巧妙、形态之优美、工艺之精湛令人叹为观止，不仅数量剧增，而且品种丰富多样，器型及纹饰风格发生了很大的变化。器型方面，唐代金银器的西域文化因素比较明显，这一特征从一发现就得到国内外的共识，如带把壶、花瓣形杯、带把杯等，这些都是我国传统器皿中没有的造型。纹饰方面，唐代金银器也吸收了西域文化的许多因素，尤其是对早期器物的影响较大。在金银器上的装饰图案中，常常可以轻易识别出已经中国化了的异乡情调，典型的装饰图案有摩羯纹、立鸟纹、翼兽纹、徽章式纹样、缠枝鸟兽纹等。此外，金银器的制作工艺也尤为瞩目。从西安何家村等地出土的金银器可以看出，成型以钣金、浇铸为主，亦有模冲和切削成型。金银器的主要加工工艺采用切削、抛光、焊接、铆、镀、刻、凿等，其中焊接又分为大焊、小焊、两次焊和掐丝等几种。焊口平直，不易发现，这足以说明当时金银工匠的焊接技艺已经相当娴熟。出土的部分金银器上还发现有明显的切削痕迹，螺纹清晰。从西安何家村出土的一些小盒螺纹的同心度上观察，结合子母口的密闭吻合情形，可以推测唐代已经使用了简单的车床。其他金银装饰工艺又有抽丝、镶嵌等，都达到了很高的水平。下面以骆驼俑为例来进行说明。

骆驼俑是唐代中小型富人墓葬中常见的随葬品，是唐代经济繁荣、中外文化交融的产物，与当时墓葬中的陶猪、陶鸭、陶鸡等同属于动物陶俑。相较于其他动物俑而言，骆驼

俑更加凸显唐代贵族和富人的社会地位。唐代骆驼俑更多的呈现方式是骆驼、货物、人物三者的结合，不仅表现了当时丝绸之路上的商贸盛况，也反映了当时人们的生活风貌。

唐代骆驼俑的呈现方式可以分为两种。一种是骆驼俑和胡人俑的组合呈现方式。"胡人"一词在唐代文献中出现的频率较高，一般指西域民族、中亚人、西亚人，也泛指中原人之外其他民族的人。在唐人的理解当中，"胡人"和"骆驼"的组合是理所当然的。杜甫也曾写下"胡儿制骆驼"的诗句。胡人牵骆驼、胡人骑骆驼以及骆驼驼满货物等造型，在唐人陶俑的制作中达到了登峰造极的地步。西安唐金乡县墓出土的骆驼俑，骆驼高大健硕，造型生动，胡人的造型也栩栩如生。深目高鼻、满脸络腮胡、袒胸露腹、脚蹬高靴，是中国人描述西方人的典型造型手法。大量出土的骆驼俑真实地反映了唐代胡商驼队走在丝绸之路上的繁荣景象。除了一般的骆驼俑之外，还有一种"载乐驼俑"的呈现方式，其上有数位乐师演奏音乐。这种情况在现实中是不可能发生的，但是在雕塑或陶俑中却有不少类似的造型，这是一种对西域乐舞特性的体现，把骆驼当作西域乐舞的载体，凸显了地域特色。

值得一提的是，从唐代出土的骆驼俑中可以发现，中原地区对于骆驼俑的刻画会更精湛于骆驼的出生地——西域地区。这一方面是因为中原人对于骆驼的陌生，十分好奇，以至于因为这种好奇而倍加关注。另一方面，中原地区对于骆驼俑造型的精彩刻画，正是中外贸易繁荣昌盛的侧面刻画，反映了人们对于这种开放文化的追捧和热爱，也是对开拓精神的一种讴歌和赞扬，对漫漫丝绸之路的一种热情的颂扬和赞美。

（六）精致而内敛的宋瓷文化

宋人的性格沉稳谨慎、细腻内敛，文风温文尔雅、细密精致、婉转妩媚，体现出柔美的缠婉宋风。在这种时代趋势支配下，宋代艺术失去了唐代那种亢奋激扬的强烈情感冲击力量，它不像唐代艺术那样用整个身心去拥抱生活、歌唱和赞美时代，而是在一种自然和社会的挤压状态下，向狭小锁闭的个人天地中寻求逃避，以求得心灵的慰藉。相对于唐代艺术的热烈、豪放、纯粹、朴实，宋代艺术则进入一种深沉、内敛、精致、纯熟的境界，显示出审美心理的进步与成熟。

与宋朝转为婉约、深沉的时代精神相一致，宋代的艺术特质也朝向注重意态和内在神韵发展，形成一种新的审美思潮，它决定了宋朝艺术的成就，也影响了后世的历代艺术。经由庄禅哲学与理学的过滤和沉淀，宋人的审美情感已经提炼到极为纯净的程度，它所追求的不再是炽热情感的发扬踔厉、慷慨呼号，不再是外在物象的气势磅礴、苍莽雄浑，不再是艺术造境的波涛起伏、汹涌澎湃，而是对某种心灵情境的精深透妙的观照。典雅平淡是宋代艺术追求的最高境界，而宋瓷又最能代表它的这一风格。宋瓷的造型质朴平易，很少有繁复的装饰，色彩晶莹透彻、清淡纯一，这种风格从南青北白的五代十国瓷即已奠定，类银类雪的邢窑瓷、似玉似冰的越窑瓷成为宋瓷最好的先声。尽管在瓷质、釉料和色彩上，各地宋瓷的风格诡谲多变，但清纯雅洁却是它们一致的趋势。汝窑瓷的天青葱绿、官窑瓷的古典雅洁、哥窑瓷的粉青开片、钧窑瓷的乳光焰红、磁州窑瓷的白釉黑彩、耀州窑瓷的青釉刻花、吉州窑瓷的黑釉联帽、龙泉窑瓷的粉青梅青、景德镇窑瓷的青白釉印花、建窑瓷的兔毫油滴，都充分体现了宋瓷的这一突出风格特征。如果拿唐三彩与宋瓷相比，则前者繁复华丽，后者清淡幽雅；前者粗犷豪爽，后者严谨含蓄；前者情感奔放，后者思致深微。宋瓷可说是一洗绮罗香泽之态，摆脱绸缪宛转之度，真正达到了雅淡精淳的艺术境界。宋瓷的特征在宋代艺术中有着广泛的代表性，可以说，平淡典雅是宋代文人艺术所追求的境界之一。

宋瓷造型形式多种多样，宋代工匠利用粗细、横直、长短、弯曲不同的外部轮廓线，组成不同的形体。造型不仅是设计的语言，更是文化的造物，其产生必然受到文化的影响。由于宋代已经初步确立一日三餐的吃饭习惯，宋瓷的设计必然从实用角度出发来满足日常饮食的需要。这种实用的社会功能与"极饰反素"的儒家思想及"无为"的道学思想相结合，对宋瓷产生深远的影响。宋代"瓶"的造型，既承袭了唐及五代传统的瓶类造型，又在此基础上做了大量创新。"瓶"中最具代表性的是梅瓶和玉壶春瓶，两者都是酒具且设计都从功能角度出发。"玉壶春瓶"口外翻，细颈，便于烫酒和斟酒，线条流畅富有弹性。汝窑的"玉壶春瓶"长颈，削肩，鼓腹，其颈部渐侈的瓶口与肩部渐阔的瓶身形成了一种恰到好处的相反弧度，凸显了宋代文人追求平易质朴的审美观。而"梅瓶"的造型小口、宽沿、短颈、丰肩下折，具有浑圆厚重的特点，更适合作储酒器。功能的分开强调了设计对于当时人们生活方式的考虑。宋代统治者以"文"治国的统治思想，"合于天造，厌于人意"的美学思想，在宋瓷文化中得到集中体现。这种宋代艺术文化领域中风行的美，不仅体现在宋瓷的造型中，在宋瓷的装饰艺术中也有体现。以宋代磁州窑为例。磁州窑在装饰艺术上处理得相当出色，装饰题材和构图都打破了以往规矩的样式以及严格的对称构图常规，简练生动的物象自由活泼地呈现在造型所需要的装饰面上，使严整的构图形式与生动活泼的物象统一起来，形成宋代装饰的新风格。其纹样的组织以图案式构图为主，常以连续连缀式、折枝式、散点式、开光式为形式法，至今影响着图案的组织构成。连续连缀式的"白地剔花装饰纹瓶"，在瓶体上的主要部位以牡丹花定点，以枝茎为骨架，在花朵间做有起伏的连接，使整齐有条理的构图呈现起伏有节奏的变化，给人以生机勃勃的美感。"白地黑花梅瓶"则是开光式的典例，瓶腹部四个双线勾画的内墨书法格外地引人注目。折枝式是一种没有严格骨架的构图所表现的纹样形式，按照造型特点做单独纹样的均衡式或适合纹样的满花式舒展在装饰部位上，以达到与器物造型的和谐统一。折枝式中最典型的器物是磁州窑白釉刻花碗，常以一枝牡丹、一枝荷莲随碗形环绕布满圆面，与器型配合得恰到好处。磁州窑也因此开创了宋代陶瓷绘画性的装饰风格，为后人陶瓷装饰开拓了新路。

宋瓷的设计艺术映射出整个宋代生活、艺术、哲学、科学的发展，呈现出一种具有时代特征的创造性，这种创造性的关键就在于中华民族文化的"意韵"精神。正是这种精神形成了中华民族特有的民族风格，成为推动后代陶瓷艺术不断向前发展的动力。

（七）兼具异域色彩与宗教特色的元装饰文化

元代是中国历史上继魏晋以后，又一次民族大融合时期。蒙古族统治者为统一全国，充分利用宗教，尤其重视藏传佛教。这使得元代宗教建筑比较发达，同时也给元代的室内设计带来了新的活力，让元代室内装饰要素变得更加丰富多彩。多民族之间的互相往来，在思想、文化、习俗和艺术等各个方面的不同交流，给元代的室内设计带来了新的历史变革。

元代的装饰在不同程度上体现出独特的风格特色，其除继承前朝的艺术风格外，更加融入了少数民族特有的民族文化气息。装饰艺术处于人文景观的形象世界中，它包含着民俗性。从空间观念上说，民俗意蕴因地域、国家、民族、宗教等不同而有所差别；从时间观念上说，它具有时代性，既是传承的，也是变异的；它是一种群众和群体行为，但它不是全体的，更不是全人类的，因而它具有一定的局限性。

元代装饰从整体效果上来看，喜欢在家具上饰金属件，一方面取其装饰性，另一方面取其加固的功能，这些都反映出游牧民族对于家具耐度的需求。元代装饰多用一些圆雕和高浮雕的造型，很少使用浅雕和线雕，更加强调立体效果、远观效果；在题材上，更多用花草、鸟兽、云纹、龙纹，其中花草纹最多见。此外，元代装饰较喜欢用曲线，如卷珠纹的运用。但无论是雕刻还是绘画都要极力表现如云气流动般的气势，这可能源于游牧民族在频繁迁徙中得来的对运动的审美认识。

以辽宁富家屯出土的元墓壁画《侍寝图》为例。画中画有一所敞轩，帷幔高悬，帐带低垂，帷幔下为精工雕镂的青灰色木床。床座为壸门托泥式，床面与壸门之间的横档以及壸门与壸门之间的立档使用金属构件。这些金属构件既起到了加固强度的作用，又显得美观大方。壸门造型源于佛教，说明此床榻造型受到佛教传播的影响。

元代的室内设计借宗教文化对生活文化的介入，形成一种具有元代特色的设计风格。藏传佛教的充分拓展以中原为主，更融合了蒙古族的生活特性和中原本地区的生活习性，这是藏传佛教影响元代室内设计的主要方式和特点。

元代建筑室内构架由于采用减柱和移柱、大内额、草栿等，室内主要使用空间有所增大，整个室内呈现出豪放、素朴的风格特征。元代建筑用材的等级小于宋代，整个建筑立面的比例关系向纤细方向发展。在建筑构件的装饰上，青绿彩画、旋子彩画开始流行。小木作构件端头的雕刻以肚蝉纹、鸟翼纹、云纹等为主。天花藻井也出现了向明清样式过渡的形态。元代室内中间层次分隔装饰手段比较丰富，木板隔断、屏风和软装饰帷幔在不同的部位进一步分隔室内空间，其样式多承宋制，而在装饰手段和装饰色彩上具有自己的风格。家具层面上，元代家具喜用曲线装饰，呈现出少数民族独特的审美特征，并出现了霸王枨、罗锅枨等样式的创新和发展，被明式家具所继承。元代室内装饰与陈设承前启后，在继承了宋代建筑室内特点的基础上，又有许多的创新和尝试，孕育着明清以后室内空间装饰的雏形。

总的来说，因朝代历经时间短，元代室内设计艺术风格的形成略显仓促，但是其受民族大融合以及藏传佛教的影响，在中国传统室内设计史上留下了不朽的篇章。元代室内设计艺术在继承前朝风格的同时，接受了深厚的藏传佛教理论的影响，这使其更加具有浓厚的人文关怀特色，为后代室内设计艺术的发展奠定了坚实的人文基础。

（八）朴实与华美并重的明清文化

明清文化艺术上承宋、元，继续发展，不断提高。同时，蒙古族、藏族、维吾尔族和满族等少数民族的生活习俗和文化特点，对汉族传统文化产生了重大影响，极大地丰富了中华民族的文化传统。明清两代对外贸易比较发达，在输出的同时，亦引进了一些阿拉伯和欧洲的工艺，并加以模仿、吸收、消化，为明清时期工艺美术的发展，灌输了新的血液。这一时期的工艺美术，在经历了长期发展变化之后形成了自己独特的风格和时代面貌。明清时期是中国工艺品发展的一个高峰时期。明清工艺品创作处于一个装饰的时代，其主要特征是日益精致化、繁缛化。不过明清两代工艺品又有明显的区别：明代简洁，清代华美。

以家具为例来说明。明代可以说是汉人掌管天下，因此主要的文化是以汉人的习俗为基准，家具的形态与样式以符合汉人的喜好来打造，并且结合前朝遗留下来的文化与技术，不断革新，从而制造出符合明代特点的家具。清代家具的发展是最贴近现代的，也是在明代家具的基础上不断创新得来的。清代是满人掌管天下，这与明代汉人的习惯有所差别，满人的习俗影响了家具的发展方向，匠师们根据满人的爱好纷纷设计家具的样式。

明代家具的制作灵感来自汉唐时期，经典明式家具主要应用于宫廷及官宦之家，其设计制造在浑厚古朴之中增入诸多精致的雕饰以展示其贵族气象，在家具中当时文人追崇古朴自然、不尚浮华的风气。从康熙末年开始，经雍正、乾隆至嘉庆年间的家具设计则代表了清代家具的整体风格。因为在此阶段清朝处于盛世，国力昌盛，故"清式家具"中无不流露出霸气、厚重、尊贵和华丽的特征。盛世家具风格的形成，与清代统治者所营造的世风有关。在清代家具设计风格中表现了从游牧民族到一统天下的雄伟气魄，代表了追求华丽和富贵的世俗作风。由于过分追求豪华而带来一些弊端，也是不言而喻的。

以明清陶瓷上的牡丹纹饰为例来说明。牡丹纹饰与龙凤纹饰类似，作为中国传统纹饰的一种，被广泛地应用于中国传统工艺品和服饰之上。《本草纲目》记载："时珍曰：'牡丹，以色丹者为上，虽结子而根上生苗，故谓之牡丹。'唐人谓之木芍药，以其花似芍药，而宿干似木也。群花品中，以牡丹第一，芍药第二，故世谓牡丹为花王。"牡丹纹饰是中国传统牡丹文化的体现，在中国人心中，牡丹是"富贵""团圆""美满"的象征。牡丹纹饰历经多个朝代，在每个朝代都有它独有的特征，其发展最终于明清时期达到巅峰状态，无论是"形"还是"意"都有它处于这一朝代的典型特征。明清时期，社会稳定，整体社会氛围呈现一片祥和之态，人们在生活上也更加追求祥和富贵。同时，受西方洛可可和巴洛克风格影响，明清时期的牡丹纹饰更加繁复，造型更加精细写实，花头大而饱满，且与一些同类吉祥花卉纹、动物纹相结合，构成各种意象。

明代陶瓷上的牡丹纹饰纤细，整体趋于写实，表现形式多样。明代陶瓷牡丹纹饰主要分为四种："瓷上水墨"青花缠枝牡丹纹、蓝地勾线留白牡丹纹、青花线描牡丹纹、五彩平涂折枝牡丹纹。整体来说有三个特点：①以分层图案构图为主，但分层数量减少；②以牡丹纹饰作为瓷器装饰的主体部分；③装饰纹样中开始出现牡丹与其他吉祥动物形象的融合。由于文字狱的产生和发展，清代的文人官员喜好采用花鸟画这种轻松的题材来作为抒发情感的方式。这一时期，牡丹纹饰有了更多的世俗意义，也达到了兴盛不衰的程度。清代的陶瓷工艺得到进一步提升，釉上彩牡丹纹主要以珐琅彩、粉彩为主，牡丹纹饰笔法细腻、线条飘逸、色彩淡雅温润，有较强的立体感。相较于明代，清代牡丹纹饰更加趋向于写实，花头大而饱满，色彩艳丽喜庆，配色更加大胆，突出了牡丹纹饰的装饰色彩。

总体来说，明清时期的牡丹纹饰更加趋向于写实，造型更加饱满，色彩更加艳丽多彩，而且趋向于与有吉祥含义的动物形象相结合，这与当时陶瓷绘画工艺的发展和时代背景的要求密切相关，同时也反映出明清时期世人对富贵彰显的需求，对国家兴盛的期望，以及对生活安乐的向往。

从以上中国古代各个时期的文化思想艺术可以看出，任何一个时代的文化思想艺术都有自身的特点，都是当时社会生产力水平和社会制度的集中体现，都反映了当时人们生活的环境与精神内涵。了解中国古代文化思想艺术的传承，是传承中国传统文化的一项重要实践，对我们进行设计创新具有重要意义。

青铜器作为我国古代传统器物的重要形态之一，其背后所蕴含的传统文化对于当代设计具有重要影响。研究青铜器文化设计思想对于当代设计如何推陈出新具有重要的启示意义。

春秋晚期至战国，由于铁器的推广使用，铜制工具越来越少。秦汉时期，随着瓷器和漆器进入日常生活，铜制容器品种更少。隋唐时期，铜器主要是各类精美的铜镜。自此以后，青铜器可以说不再有什么发展了。这是时代和社会所共同做出的选择。

历史上，各家对于青铜器都是大加赞赏，"精美绝伦""巧夺天工""臻于极致""完美典范"之类的赞美之词不绝于耳。然而，在对青铜器物调查研究过程中，我们需要反思古代中国的设计思维方式本身，通过对青铜器物的研究，揭示古人设计在思想中存在的不足。

如同一面镜子，青铜文化带给我们的启示绝不是简陋的工具、器物的造型纹饰，而是当时人们的思想观念、社会经济结构以及人们日常生活的方式，是时代、历史的缩影，是历代文明的见证。今人探索和总结中国传统器物设计思想的客观规律，其目的都是更加真切地阐释器物本身，以求逼近历史的真实本相。

中国传统文化主体上是注重内在的"神"，而轻视外在的"形"。中国传统的设计思想中有浓厚的情感因素，重视关系而超过实体，重视功能动态而超过形质。这种设计思想强调整体，重视形象思维，偏向综合而疏于分析；强调和谐统一，长于直觉思维和内心体验，弱于抽象形式的逻辑推理。

中国传统设计思想追求和谐，缺乏合理抽象、深入分析和逻辑推演，缺乏客观的评判依据，只是基于个人的知识存量和设计能力，将主体意识和情感强加于客体之上，其经验性、主观性的特点十分突出。《考工记》里提到"巧者述之守之",其中的"巧"字,便是强调了设计的"感悟性",就是把设计活动看成某种经验化的制作。"只可意会,不可言传",造物设计方法和程序的可操作性、精确性也就大打折扣,没有严格的逻辑方法将前人的认识成果明晰地记录下来,后人便不得不在经验的基础上循着模糊的理论重新开始,造物设计的认识也周而复始,难有新的突破。古代工匠通过"心领神会"追求"未知"与"和谐",这种"意会性""领悟力",正如伊顿在包豪斯所提倡的神秘主义,与设计的理性分析相去甚远。此外,中国古代社会的封建制度重政务、轻工商、斥技艺的社会主导意识,也严重限制了科学技术的发展,导致历史上工匠命运不济,他们的设计思想散见于各类典籍之中,影响了今天人们对中国传统的再发现,典型的例子是一钟双音技艺的失传。秦汉之后,历代统治者都不忘恢复周礼古制,然而经历常年征战,汉初世守家业的乐师们尚能通晓金石之音、鼓舞之节,但已经不知礼乐意义了。后世历代虽有重建礼乐制度之心,但无奈先秦编钟—钟双音和音高有序、大小成编的传统技艺,未能被人认识和继承,而最终选择了钟体不变,率铜黄钟,而壁厚递增,以使音高有序为编,与先秦编钟的传统背道而驰。

　　此外,唯有深入民间世俗生活的艺术才是"民族文化的基础",才是"活生生的文化现象",才能自下而上地为越来越多的人所欣赏,使人陶醉而流行,进而得到真正的传承。然而青铜器物却是宫廷的、陈设的,是为权贵阶层服务的工艺美术品,其庄重的造型、巨大的规模、繁缛的纹饰,就是这一态势的真实写照。青铜器物服务于国家政权,其命运也就随着时代变迁而浮沉。青铜编钟的更新换代很能说明这一问题。甬钟出现于周部落取代商王朝后不久,钮钟出现于西周灭亡诸侯群起之时,镈钟也在朝代更迭中定型,这都是为了在政权更迭之时满足统治阶级的需要,都是顺应统治阶级利益和爱好取向的结果。

　　尽管历史上偶有割据和混战,但中国由于两千年儒家文化的一家独尊和大一统的中央集权统治,传统观念浓重,设计风格的演变十分缓慢,较少有重大的突破与创新,与西方丰富多样的设计艺术风格大相径庭。西方的独裁统治从未能像中国这样被贯彻得如此彻底,帝王个人的喜好时常能够左右历史。古有秦始皇焚书坑儒。至汉代,汉哀帝不喜音乐,下诏称"郑声淫"乃"罢乐府"。唐武宗崇信道教,于公元845年灭佛。明太祖又极为重视佛教,修治寺庙,召用僧人⋯⋯

　　中国自古就注重联系,视天地万物为由某种特定机制相互联结而成的统一整体。表现在设计上,由外而内、以大观小是中国传统思维的一贯模式。古人注重联系,但这种联系多通过直觉、经验、感悟来获得,由整体的现象或功能推论、猜测甚至臆断事物的本质和结构,而不是直接剖析事物自身。因而,中国的造物设计活动往往是综合多方因素共同作用的结果。然而"天地人"中过多的冗余信息却往往会成为设计的羁绊。

　　古人对天的认识最早,认为世间万物的兴衰荣辱都随"天"而变化,却极少关注到人的因素。这其中是有一定原因的。中国是大陆国家,以农业为生。在农业国家里,农业是生产的主要形式,"农"的生活方式是顺乎自然、靠天生存的,对"天"的崇拜也就不难理解了。"天时地气材美工巧"中有关注到人,即"工",但仅仅局限于生产者,而鲜有人关注到人作为消费者和使用者的存在。

与对"天地人"的认识比较而言，中国古人对"物"的认识时间较晚，认识范围不广，程度也不深。虽自先秦起，就有"天时地气材美工巧"的设计思想，对"材美"的关注说明设计者已经对"物"有所认识，但却也反映出古人对物的特性认识不够全面深入，只停留在最为显见的材料表面。古人只是基于实践经验来把握具体的材料、工艺、形式，而缺乏对材质构造、物质属性和能量转换等方面的抽象分析，使得中国古代设计思想在理论内容上流于空泛，在实践操作中难以把握，也在一定程度上阻碍了造物设计的发展。

当然，以现代科学的眼光审视中国古代造物设计，无疑是一种苛求。事实上，正是因为有了以上这些差异，才使得中国古代的设计在世界文化艺术丛林中独树一帜，熠熠生辉。但我们所处的时代正在发生巨大的变化，今天的社会政治制度、体制、经济、科学技术乃至意识形态都远不同于过去。传统设计文化中能够适应今天的外部环境和满足人们当下需求的，应予以延续和发展；而不适合或不利于今天社会发展的，应该加以转化或放弃。只有秉承这样的传承观，根植于我们灵魂深处的中国当代设计才能在世界设计舞台上重造辉煌。

二、古代功能主义思想对现代设计的影响

在中国古代，功能主义的思想已经开始形成。墨家学派的适用功能主义思想是中国古代功能主义思想的代表，从普通百姓利益出发，从实用功利的角度，提出"设计"首先必须视其功能是否满足人的需要。墨子提出的一些理念与现代设计理念有着异曲同工之妙，如"其为舟车也，全固轻利，可以任重致远，其为用财少，而为利多"，体现出了功能主义的思想。先秦诸子从不同角度，以不同的方式，触及了工艺造物的本质特征、造物原则、功能价值和审美理想等诸多问题，他们的主张和论说，综合地构成了一个较为完整的造物思想体系。韩非子"物以致用"的功利主义思想也是在说明一个道理：衡量事物的好坏，不是看它外表的美丑，而是看它是否满足人们的实用需求。他在《外储说右上》一文中以功能主义的立场，表明了他对工艺造物的态度。任何形式的设计都应该在设计创造中注重产品的功能性与实用性，即任何设计都必须保障产品的功能与用途得到充分体现，其次才是产品的审美感觉。这些古代哲人的理念完善和丰富了适用功能设计思想，为中国传统功能设计思想的确立奠定了基础，也成为现代主义设计的理论核心。

"现代设计"一词虽说是一个新近的词语，但早在人类造物之初，设计本身就已经本质性地存在了。我们通常所评述的设计，实际上是"现代设计"的概念。而功能主义占据了人类造物的主导，人类在最初发现依靠某些工具能够使生活变得更加方便的时候，造物思想就逐渐产生了。人类最初可能是无意识地随手拈来一些自然界的产物直接使用，比如用阔大的树叶、剥落的树皮汲水来喝或是盛装果实等。随着时间的推移，古人意识到何种形状的树枝、石块用起来更顺手、更有效，就产生了有目地对自然物进行加工的动机。随后古人又有了对泥土、火、容器等性能和功用的种种认识，使得造物的功能性大大提升。

例如，古人在创造发明陶器这种可以盛贮水和果实的容器之前，已经普遍使用了以自然界的藤蔓为原料的编织物，也许古人从自然界天然藤蔓的盘缠中得到启示，编织出"篮""筐"之类的器物。而后，新石器时代的人们认识到可塑性泥土经过火烧后能够制造出功能上远远优于编织器物的陶器，但在陶器造型和装饰设计中明显保留有编织器物的痕迹，如早期陶器上拍印的绳纹、篮纹和席纹等。所以说人类的造物思想是建立在人的思维能力不断进步、思维方式日趋丰富的基础上的，在器物本身的作用不变的情况下，优化其使用功能，并使其功能性不断增强，经过多年的演变与升华后逐渐演变成我们今日所使用的各种产品。

（一）功能主义对人的影响

从人造器物的文化意义上讲，人类在创造器物过程中也改造了自己。一切设计物都是为了人，这个概念贯穿了整个人类的造物思想，也就是说人们所创造的器物要能很好地解决人类生产和生活中面临的实际问题。古人最初的造物观念是一种本能的体现，人类必须在当时的环境下创造出某种器具来获取食物以及保护自己，从而有了对自然界固有规律性的认识，不断地适应自然环境，改善生活条件。每创造出一种器物后，古人在使用过程中发现了不足之处，然后不断改进，使其功能不断优化。同时，人类自己的行为方式、生活状态也在被器物的功能所改变着，逐步使人类越来越摆脱自然界的约束。符合人体工程学的尺度设计，是"适人性功能设计"的核心。"适人性功能"中的"手持"需求属于"体感"需求的一部分。由于人握持、操作的舒适度在设计物的使用过程中尤为关键（特别是中国传统设计器物），人手与器物之间发生关系的"操持尺度"便成为"适人性功能设计"的关键之关键。虽然器物使用功能的本质是对"物"发生作用从而产生了价值，但是受益者最终还是人。

至于"功能"这一成熟文明社会的设计行为，从来就不可能仅仅是所谓的"实用价值"。如果只考虑"以物克物"的实用价值，而不考虑"以物适人"的文化价值，人类就不可能发展到能完全区别于其他也能使用简单工具的动物们的造物水平。注重器物对人的心性的影响，注重器物在礼乐制度中的重要作用，正是古人学者的观点。在现代设计中，设计的实用性可以说是现代主义中功能主义这个美学概念的延伸。"现代主义"强调功能为设计的中心和目的，抛弃繁杂的装饰性的外形，重视以人为中心，使产品更大限度地突出功能性和适人性，从而更好地为人服务。

（二）功能主义对产品的影响

产品是功能和形式的载体，功能与形式之间的协调与平衡体现了现代设计中产品的整体和谐。对于产品功能和形式的关系，中国传统造物思想的主流观点可以概括为"美善相乐""文质彬彬"。"美善相乐"始于荀子的论述，对造物而言，就是产品的审美属性和使用功能要相得益彰、互为融合，即将具有单一功能性质的自然型简单造物，转化成兼有实用功能与审美功能的设计。

从古代器物的设计来看，器物的使用功能或功能服务区划分等设计得非常直观明了，按照现代设计语言来讲，就是让消费者第一次接触设计物，就能一目了然地了解该物品怎么操作、怎么中止、怎么携带、怎么储存等重要功能服务信息。例如，我们不是古人，但是看到一把青铜古戟，就能解读出许多古代士兵如何操持铜戈、铜戈如何工作的信息，铜戈的"工作部位"是前端，锋利的刀面可以切割，尖锐的矛头可以刺戳，"操持部位"在尾端，超人体高度的长杆是为了扩大有效杀伤半径进而更好地保护持戈者。也就是说，现代设计的功能性所发展的方向，与古人所创造的器具所传达的功能信息是异曲同工的。现代设计所做的很多关于简化操作流程、明了设计界面等实验的目的，都是为了返璞归真，使操作者在不了解产品本身的情况下，也可以很迅速地操作并达到预期结果。

（三）功能主义对环境的影响

"现代主义"提供了一种使人能够重新认识自己所创造的环境并与之保持和谐关系的观念。这种观念使人在人、机器、产品之间保持一种完美关系的现代化理想上进一步发展。主张自然与人的和谐与统一，是中国文化在精神层面上、思想观念上的一个突出特征。徐复观先生说："在世界古代各文化系统中，没有任何系统的文化，人与自然曾发生过像中国古代那样的亲和关系。"而这种人与自然的关系，已经逐渐构建成为"天人合一"的思想体系。

《考工记》是一本记述先秦手工业技术与产品形制的著作，反映出了先秦造物的辉煌成就及具有代表性的色彩观念、审美观念和设计思想。这本书非常重视自然环境的重要性，其观点代表了中国古代器具与造物观念对自然环境所起到的重要作用的理解，揭示了一切设计与创造都要以符合自然生态规律为先决条件，并且这些条件制约或决定着设计质量的优劣。这种深刻的认识，就算在现在，也是具有现代意义的。功能主义作为中国古代器具设计的重要载体，其意义的深远绝不仅取决于器具本身是否合理科学，而是这种造物观念对现代设计中功能性的启发。我们不得不承认，虽然现代设计中的一些设计观念已与前人的造物观有了极大的反差，但是随着人们对古代设计思想的不断研究，传统造物观会启迪当今设计者如何更好地权衡人—产品—环境之间的关系，使功能主义得到延伸，引领现代设计走向更为广阔的未来。

第二节 当代设计——穷则变，变则通，通则久

每一个关心中国传统文化的当代设计师，都面临着一个如何对待传统文化，特别是在自己的设计作品中体现传统文化精神的问题。坚守传统、摒弃传统、更新传统，构成了当代设计文化思想潮流分野的标志。善用传统文化，重视变通求新，变传统文化精髓为当代设计所用，是对"尊重传统"的最好诠释，中国的当代设计亦有可能重新焕发出强劲而持

久的生命力。正如《易经》所言："穷则变，变则通，通则久。"

时代在变，历史在变，人们的生活在改变。"变"是对旧事物的扬弃及新事物的生长过程，是事物新陈代谢的过程，促使事物产生一种新的力量。洋务运动失败了，在大办军事工业模仿西方军事技术以自强、大兴民用企业以求富的情况下，在资本主义刺激下，新的社会力量产生了；太平天国失败了，虽然太平天国的反孔并不是因为儒家思想体系是封建制度的精神支柱，而是为了争夺上帝唯一的神圣地位，可在无意之间，使列强们感受到了中国民众的力量。

"变"需要个人的眼光、智慧和胆识。有的人十个跟头才摔出一个道理；有的人一个跟头能摔出十个道理；有的人在"穷"的时候经过贵人的指点迷津，通过启发敢于用新的视角看问题、想办法，用更长远的目标筹划自己的未来；有的人在特定时间、特定阶段敢于比别人多迈出一脚，使自己的状况得到改善。"变"的方式多种多样，关键是我们敢不敢质疑自己当前的思想，能不能用这种"变"引导自己的行动，这一过程绝不仅是凭一腔热血所能坚持完成的，需要我们不断去提高、修正自己对社会发展与事物发展规律的认识。

对当代设计而言，紧跟时代步伐、迎合时代发展的需求、不断推陈出新的设计，是不会被社会、时代所抛弃的，而一成不变的设计终将被消费者所淘汰。1979 年，索尼推出一款轻便、可随身携带的播放器，相比其他笨重的台式音频播放器来说，这款播放器的确轻巧、美观了许多，可满足那些一整天都酷爱听音乐的发烧友的需求，随时随地随身"携带音乐"出门。索尼针对年轻消费者在音频播放器上做出的改变，开创了索尼辉煌的随身听（Walkman）时代。

随着光盘（CD）这种新的储存技术的出现，1984 年索尼开发了世界上首台光盘 CD 随身听。它的创意源于一个由 4 个 CD 叠在一起的小木盒，正是这个小木盒激发起索尼公司工程师及设计师对 CD 随身听的灵感。为了达到便携的目的，从 D777 开始，索尼的 CD 随身听越做越轻薄，可以让人轻松地放进背包里带着出门，随时随地享受音乐，并且还应用了防震技术，以保证在户外活动时随身听不会因震动而跳碟影响人们欣赏音乐。那时索尼的 CD 随身听风靡全球，成为时尚的象征，喜好音乐的年轻人都以有一台随身听为豪。

迷你光碟（MD）储存技术出现后，1998 年，为了带来前所未有的轻巧音乐享受，MD 随身听 MZ - E35 以其轻巧的体积和记录媒介把随身听追求纤巧的精神更上一层楼，带来了真正的便携性索尼 MD 随身听。不断地创新与变化的产品设计使索尼成为随身听行业的领跑者。

随着数字储存技术的发展，索尼也顺应潮流设计出了 MP3 播放器。但是，因为只着眼于 CD 随身听和 MD 随身听带来的巨大收益和成功，索尼并未将发展的重点放在 MP3 播放器上，在前期 MP3 播放器的设计上并没有多大的创新和改进，而这却让索尼将其随身听的霸主地位拱手让于苹果。

苹果看准了 MP3 的发展前景，设计出 iPod 系列 MP3 播放器，以其轻巧的可放进口袋的外形，方便而人性化的操作，便利的个人计算机（PC）端管理系统，迅速抢占美国市场，随之风靡全球。

当索尼意识到 CD、MD 随身听已经日暮西山时，随身听的霸主地位已经被苹果占据。索尼虽然大力转投 MP3 的设计研发，却已经落后于不断运用新技术对产品推陈出新的苹果。

索尼的例子充分表明，"变"才是设计中永恒不变的原则，"变"是设计创新的长久之道。求变对于人类而言，是一种内在的本能需求，正是这种求变的动机，才有了今天丰富的世界。但是，更加舒适的生活和细化的社会分工，使得不少人的创新意识在自觉与不自觉之间模糊并减弱。只有求"变"才能通"久"，创造与创新总是基于原有文化或文明，很多世界级的大师就是如此脱颖而出的，而千千万万的设计师都在如此的创造创作之中前行。我们所看到的电话机，因为技术的发展变化之快，几乎失去原型，而功能却在扩大。还有一类设计，是围绕着人体而发生变化的，如服装、家具等。一旦定型之后是不是就没有变化的可能呢？如果要变，怎样变？这些问题没有确定的答案，全靠我们细心去观察生活，去创造各种可能性，满足层出不穷的具体细微的生活需求。

"变则通"，一个成功的设计，首要的是"独创性"，要做到这点，就必须学会变通，使其变得跟得上人们的生活潮流，跟得上大众审美情趣，跟得上人们生活的需要。一个设计使人赏心悦目且被方便地使用，是设计成功的所在。但是，"通"肯定是不可能真正实现"久"的，"通"可以维持多长的时间，取决于社会发展的速度。"变"的方法再完美无缺，一旦新事物产生，之前的方法也就不再真正有效。成功者是最容易保守的，让一个成功者否定自己，需要相当大的魄力，不是每个人都能够做到这点，也不是每个人都有机会去做这样的事情。

设计离不开"变"，怎样变得新颖、变得人们乐意接受是我们奋斗的目标。"变则通，通则久"，"变"是我们时刻需遵循的原则。

第三节　当代设计"言有尽而意无穷"的气韵之说

在中国传统美学观念中，"气"与"韵"是十分重要的概念。"气韵"一词最早见于南朝谢赫在绘画领域的六法中，"气韵，生动是也"。之后"气韵"一直作为评价绘画作品的重要标准及中国艺术生命精神的核心。经过后代艺术家、理论家根据自己的感受、认识对"气韵"的具体运用和新的发展，"气韵"逐渐成为绘画、美学领域中的重要审美准则。它是现代美学引入前的重要美学概念，基本释义为："气"是天地阴阳之共性、化生万物之本源，"韵"所指向的是"气"氤氲流淌的对世界认知的经验体系，科学概括为内容与形式的关系。类似的词语还有"意象""神思""意境""虚实""形神""神韵"等。我国传统美学不像西方那样形成了以美的本质为核心的范畴体系，而是从传统观念和审美经验中总结出的许多相互独立而又有内在联系的丰富的美学命题。抛开当代美学理论框架，对传统美学命题的释义与考论不仅益于对中国传统思维方式、审美方式的还原，也益于对中国当代设计理论的完善。当代设计美学经历了机器美学、技术美学的发展，由于时代的发展，目前设计美学的研究方法与审美需求发生了重大变化。综观西方美学发展不难看出，其深沉而又优雅的特征无不跟其古老深邃的哲学基础息息相关，哲学作为设计美学发展的重要根基使其在不同时代不同科技背景下保持优雅的特质。从中国传统哲学、美学的角度对中国当代设计美学进行研究是丰富当代设计理论的重要途径。

一、"气韵"的魅力

（一）绘画理论中的气韵

谢赫认为，绘画作品是通过画中所表现的形象来展示本质的精神，作品中流淌着的气作为一种无形的存在，支配着绘画作品中有形的存在，它是作品生动的根据。"韵"曾被认为通假于"运"，而非"押韵""韵脚"，解释为"运动""运行"。历代书画家追求气韵生动，忽略了对表现形体的塑造，或许因此也恰恰给予了气韵无限延展的空间。唐代画家张璪在他所著的《绘境》一书中说："外师造化，中得心源。"评晋明帝绘画"虽略于形色，颇得神气"。气韵生动是一种达于"传神""妙"的绘画境界。根据侧重的不同，"气韵"常被理解为"运行流淌的气"或者"气的流淌和运行"。总之，无论哪种解释，它们都是中国哲学中无形的"气""道"的观念在美学领域的运用。

（二）设计中的气韵

随着"气韵"在各领域的展开，古人在园林、建筑、雕塑等领域引入了"气韵"的观念。历史上，中国许多园林都是由画家主持建造的，如王维、倪云林、米万钟、张链等。王维生在中国山水诗创作和古典园林建造辉煌的唐代，是当时山水田园诗派和文人园林创作的重要人物。他把笔墨风趣赋予山水景物，由画成景，生动地描写自然田园风光，使读者悠然神往，展现了他对大自然山水风景及自然美深层次的认识。在画家主持的园林建设中，他们往往将绘画的观念、技法、审美、目的融入当时的园林建设中去，从而使我国园林建设和绘画在美学上产生融会贯通的现象。建筑方面呈现出了与绘画紧密的相关性，传统建筑也将一系列文化讯息与素质蕴含于其建筑"语汇"之中。梁思成与林徽因说："这些美的所在在建筑审美者的眼里，都能引起特异的感觉，在'诗意'和'画意'之外，还使他感到一种'建筑意'的愉快。"这种具有"诗意"与"画意"的"建筑意"，蕴含民族文化的深意，来自民族的哲学、历史、伦理、美学等多种文化的综合，也就是所谓的生命韵致与艺术精神的"气韵"。

（三）从"气韵非师"到实际方法

当代设计讲究思路方法，需要一系列具体的方法构成整个设计过程，离开具体的方法，设计就失去了可操作性。"气韵"却是一个玄而又玄的概念，如何落实到具体的方法，古人对"气韵"的把握有着不同的见解。

在《古画品录》中有谢赫评姚昙度"天挺生知，非学所及"的"气韵非师"的观点。萧子显在《南齐书·文学传论》讲："文章者，盖情性之风标，神明之律吕也。蕴思含毫，游心内运，放言落纸，气韵天成。莫不禀以生灵，迁乎爱嗜，机见殊门，赏悟纷杂。"郭若虚认为，"然而骨法用笔以下，五者可学。如其气韵，必在生知。固不可以巧密得。复不可以岁月到。默契神会，不知然而然也"，提出气韵天成、自然流露的特点。董其昌讲，"气韵不可学，此生而知之，自然天授。然亦有学得处，读万卷书，行万里路，胸中脱去尘浊，自然丘壑内营，立成郛郭，随手写去，皆为山水传神矣"，承认了以上观点，也指出了增加学养、向传统学习，开阔视野、向造化学习的后天知识积累与学养提高，也可"随手写去，皆为山水传神矣"。蒋骥在《传神秘要》中讲，"笔底深秀自然有气韵，此关系人的学问、品诣。人品高，学问深，下笔自然有书卷气，有书卷气即有气韵"，将品行的修养引入其中，认为画贵立品，品正而心正，心正而后志诚，志诚而后艺高，修身养性重于方法技巧。在当代设计中，设计者、设计单位成为品牌文化的重要部分，也应要求设计者修身养性、博览群书，如黑田泰藏讲，"要成为一个真正的匠人，进而达到艺术家的境界，不仅需要感情投入，还要亲身躬行及经受岁月磨炼。你的坐卧行止、一餐一饮，都是渐悟的修行"。对理论知识囫囵吞枣，不注重做人品行、经商之道，设计作品也将浮躁与肤浅，终会被社会唾弃。

（四）"气韵"要落实到书画的构图、笔法、用色的实际操作中

荆浩在《笔法记》中分别将"气"和"韵"与绘画中的"笔""墨"联系起来进行了研究论证，认为"气"是通过运笔的技法、技巧做到笔笔到位，不媚不俗；"韵"是通过用墨渲染出的艺术效果，浑然天成、不着痕迹。据此，韩拙在《山水纯全集》中进一步指出："……盖墨用太多则失其真体，损其笔而且浊；用墨太微即气怯而弱也。……行笔或粗或细，或挥或勾，或重或轻者不可——分明。以布远近，似气弱而无画也。其笔太粗，则寡其理趣；其笔太细，则绝乎气韵。一皴一点，一勾一斫，皆有意法存焉。若不从古画法，只写真山，不分远近浅深，乃《图经》也，焉得其格法气韵哉？"在用墨量和行笔粗细上都应遵循相应的规矩，还应总结古人绘画技法。沈宗骞曰："所谓气韵生动者，实赖用墨得法，令光彩亦然也，老墨笔浮于墨，嫩墨墨浮于笔。嫩墨主气韵，而烟霏雾霭之际淹润可观；老墨主骨韵，而枝干扶疏、山石卓荦之间亦峭拔可玩。"范玑曰："用墨之法即在用笔，笔无凝滞，墨彩自生，气韵亦随之矣。离笔法而别求气韵，则重在于墨，藉墨而发者，舍本求末也。"华琳曰："用新汲之清水，现研之顶烟，毋使胶滞，取助气韵耳。"以上通

过"墨""笔""水""砚"在气韵展现中的作用的观点阐述了"气韵"落实到具体的方法，却似乎又有些呆板、造作，如此一来失去了绘画的自然淳朴。在当代设计中也存在这样的问题，设计方法、手段的不断完善，标准化、模块化的大量运用，使设计像堆积木一样容易、高效，风格趋于统一。在2010年上海世博会场馆建设中，各国从不同主题出发设计了形态迥异的场馆。世博会中城市人馆、中国馆、德国馆、法国馆、波兰馆、俄罗斯馆等，其统一的几何形态、单一的色彩装饰让人觉得似乎出自一人之手，个性在固定的方法手段中很难有所突破。

二、设计中的"气韵"理论

"气韵"的价值在当代设计理论与实践中有着特殊的魅力。"气韵"是具有一定属性、规律的自然万物和社会百象的人为元素改造，高度概括了当代设计的非物质化趋势。

"气"对于设计行为来讲是联系设计者、设计作品、用户并贯穿其中的潜在规律、力量，揭示了设计者对作品的定位、用户体验、用户反馈等基本准则。"气"由设计者而聚，随作品而生，在营销中升降，与用户氤氲，而后或止或灭。"气"对于设计机构来讲是机构形成的原动力，一方面，"气"凝聚设计个体并形成团队，从事设计行为，在实践过程中组织的形成需要每个设计者的参与、相互包容、共同奋斗，而后则有所谓企业文化或品牌建设的定位与实践；另一方面，"气"和社会环境氤氲生变，于是有了团队的发展与创新的动力。"气"在设计作品中展现了它的厚积薄发，"气"生于作品与用户交互中，承载了作品功能以外的超越人们意识的、无可争辩的精神信息。好的设计不在于"求变"，而在于"气"的氤氲和合。好的作品会融于社会生活，融于自然环境，静如空气，虽然看不见却很重要，时而春风袭来又知它的清新。

"韵"在这里不妨解释为"气"的生灭、聚散、氤氲、升降、健顺、动止等，是设计事务的经营、组织机构的建设、设计作品的美学特征。一气运化，仗气成像，"气"生命般地流动才有了审美的对象，即"韵"。作品的美在于"气"的呼吸，呼吸以自然之力推动，以社会生活需求推动，设计者的造作，犹如画蛇添足，增添死气。《庄子·达生》记载了梓庆制鐻的故事。相传春秋时期，鲁国有技艺特别高超的木匠，名叫庆，人称梓庆，书中记载："梓庆削木为鐻，铺成，见者惊扰鬼神。"鲁君主问之何以得之时，梓庆回答道："臣工人，何术之有？虽然，有一焉。臣将为鐻，未尝敢以耗气也，必斋以静心。斋三日，而不敢怀庆赏爵禄；斋五曰，不敢怀非誉巧拙；斋七日，辄然忘吾有四肢形体也。当是时也，无公朝，其巧专而外骨消。然后入山林，观天性，形躯至矣，然后成见鐻，然后加手焉；不然则已，则以天合天，器之所以疑神者，其是与！"梓庆的"三斋"精神、"气"的凝聚、对设计方法的淡化和材质自然属性的充分发挥，而后才有了"鐻"的自然天成、鬼斧神工。此故事颇值得当代设计回味，在实际设计中不妨效仿梓庆一二。

第四节 儒释道思想对当代设计的影响

一、儒家思想对当代设计的影响

（一）儒家思想的主要内涵

儒家是战国时期重要的学派之一，它以春秋时孔子为师，以六艺为法，崇尚"礼乐"和"仁义"，提倡"忠恕"和不偏不倚的"中庸"之道，主张"德治"和"仁政"，重视道德伦理教育和人的自身修养。儒家强调教育的功能，认为重教化、轻刑罚是国家安定、人民富裕幸福的必由之路；主张"有教无类"，对统治者和被统治者都应该进行教育，使全国上下都成为道德高尚的人。在政治上，它还主张以礼治国，以德服人，呼吁恢复"周礼"，并认为"周礼"是实现理想政治的理想大道。至战国时，儒家分有八派，重要的有孟子和荀子两派。

（二）儒家的美学思想

孔子是中国古代美学思想启蒙时期的集大成者，开创了儒家美学。《论语》收录了其主要美学思想。

孔子提出了"兴""观""群""怨"等一系列美学范畴和美学命题，对艺术欣赏活动的心理特点做了深刻的分析。《论语·阳货篇》："小子何莫学夫《诗》？《诗》，可以兴，可以观，可以群，可以怨；迩之事父，远之事君；多识于鸟兽草木之名。""兴"是说诗歌可以使欣赏者的精神感动奋发。"观"是说通过诗歌可以了解社会生活、政治、风俗等，也就是说欣赏诗歌是一种认识活动。"观"的另一层含义是"观志"，就是从诗歌中看出诗人的志向。"群"是指诗歌可以使人们交流思想，从而保持社会的和谐。"怨"是指诗歌可以表达对现实社会的带有否定性的情感，也就是说诗歌可以引发欣赏者对社会的一种情感共鸣。孔子"兴观群怨"说充分肯定审美和艺术具有协调个体与社会关系的价值，高度重视审美和艺术陶冶人的情操、稳定宗法制社会秩序的作用。

孔子指出，"质胜文则野，文胜质则史；文质彬彬，然后君子"，形成了"美"和"善"统一的审美观。根据这一观点，孔子进一步提出了"乐而不淫，哀而不伤"的审美标准，这个标准就是中国文化中最为重要的观念"和"。孔子"文质彬彬"说肯定个体人格的独立性，强调个人全面发展的社会意义，但同时又认为，人的发展和人格的独立只有最终促成个体与社会的和谐一体时，才真正具有审美价值。

孔子提出的"知者乐水，仁者乐山"的命题，在中国美学史上开创了一种关于自然美欣赏的"比德"理论。在自然审美领域，孔子的"比德"理论主张从伦理品格的角度去观照自然，将自然物象看作是人的某种伦理品格的表现或象征。

（三）儒家思想与当代设计

1. 儒家"中庸"思想与当代设计

中庸思想是儒家文化的核心内涵，对整个中华民族的影响是极其深远的。那么，何谓"中庸"呢？先让我们看看"中"的含义。孔子曾解释道："道之不行也，我知之矣，智者过之，愚者不及也。道之不明也，我知之矣，贤者过之，不肖者不及也。"这就是说，所谓"中"就是指恰到好处。其实中庸还有一个重要思想，它以"庸"来表示，意思就是"普通"和"平常"。《中庸》第一章说："天命之谓性，率性之谓道，修道之谓教。道也者，不可须臾离也；可离，非道也。"当然，中庸思想的深厚远不是上面所讲的那么简单，它只是其思想的一个最朴素的含义，它的延伸含义是包罗万象的，足够我们用心去好好咀嚼、品味。《中庸》写道："喜怒哀乐之未发，谓之中；发而皆中节，谓之和。中也者，天下之大本也。和也者，天下之达道也。致中和，天地位焉，万物育焉。"这里的"中"指的是恰如其分，"和"指的是协调分歧，达到和谐一致，进一步阐述了"和"与"中"的关系。"和"承认不同，只有在不同中把握适当的尺度，才能达到"和"。由此可知，当代设计师只有正视传统文化，取其精华，去其糟粕，方能推陈出新。

在当今的室内家居设计作品中，中华民族所具有的艺术特色正在被广泛地运用。虽然中式风格和西方现代设计理念时有冲突与碰撞，但这两种形式是可以调和的。引用新式的制造工艺，在形式和内容上包含中国元素的风格表现，便是中西设计矛盾的解决之道。一直以来，当代著名设计师都主张把中国传统文化的精髓，融入西方现代设计理念中去。可以说，他们的成功就在于正确调和了中西与古今，使其作品既具有传统的东方韵味，又不失西方的设计理念，如"高山流水"香台设计。该香台采用岩石般的天然形态，将朴素的自然之美融于流动的线条中，流露出一种"中庸"的生活哲学和处世态度。虽由人作，却宛自天成。巧妙的设计让烟气自卵石间蜿蜒而下，如涓涓云水漫过山间，仿佛仰观高山流水的自然气象，体会隐遁山林的自在幽远。在香台的底盘上浇上水并点燃上面的香，香台开始散发出犹如置身于山林间的"烟气"。高山流水来自流香道，让香徐徐地流动，表达生命的韵律之美，以石代山，以烟喻水，表达以小见大的中国美学，用小景观看大山水，用小景观看大世界。我们现在的城市很少能够看到真正的大山大水，但是我们每个人心中却有自己的大山大水。

"上善如水"是北京前门皇家驿栈室内设计。该项目位于前门大街鲜鱼口，紧邻北京城中心轴线，原址为老北京老字号著名浴池——兴华园。该项目邀请美国ASAP事务所（一家景观建筑事务所）担纲设计，秉承一贯因地制宜的设计理念以及皇家驿栈品牌的精髓内涵，设计师对其外观、功能、主题以及独特的文化创意进行了精心的设计。作为京城首家"水"文化创意精品酒店，北京前门皇家驿栈紧邻商业街区，周围店铺林立，于闹市中窃一隅独享宁静，亦默默诠释"大隐隐于市"的文化理念。独特的"水"元素在店内四处浮现，让住客在"水"的静与动中体会时尚。入口处雨巷中,雨幕密集,水声错落,在回响的脚步声中开启水的旅程;南瀑布的细流落在青石瓦上,碎成了点滴,却又汇成了细丝,从屋檐上慢慢流下,在水声中体会静谧;北瀑布更被赋予创意和雕琢,悄无声息中滋养悬浮在半空中的绿植,呈现出"润物细无声"的静谧景象;水疗(SPA)区域的巨型水瀑布将天井和酒店底层水疗浴池连为一体,自然光映衬着水面,构造出"上善若水,连接天地"的独特体验。

曲阜香格里拉酒店设计,通过整齐的布局、红色传统方格图案以及中央吊灯,营造出中式门庭庄严之感,揭开迎接宾客的序幕。亮漆红色外观与孔庙古色古香的格调相互呼应,青铜与梁架交错,重塑出流传已久的"斗拱"建筑特色,凸显古代建筑的独特韵味。平衡对称的中国建筑原则显见于酒店大堂及接待区的设计中,空间渗透着典雅而尊贵的气质。有别于香格里拉酒店传统的大堂吊灯,奥必概念(AB Concept)创新演绎传统中式天灯,以百余个排列井然的小灯笼打造出一组大型吊灯装置,围绕在中庭上的天窗旁。AB Concept一贯擅长解构传统建筑结构,并将其运用于当代设计中,勾画出如四合院一般的布局,日夜更替,其光与影产生出的不同变化成为大堂的中心亮点。

所以,作为一个真正的、有前瞻性的设计师应具备正确的设计理念,从中庸思想出发,正确调和中西与传统,洋为中用、古为今用,真正做到既不过度也无不及,探索一条现代设计的新路子。

2. 儒家思想与室内家居设计

儒家思想作为中国传统文化的主体,几千年来深深影响着中华民族的生活方式和思维方式,是中华文明的灵魂和核心。儒家思想的精髓是"仁",与满足人的基本物质生活需求的理论相联系。儒家重视民生,主张满足人们求生存的基本物质欲望和需求。同时,儒家不是从孤立的、个体的人的角度,而是从多方面去理解人的本质,把人的本质规定为道德性,建立以"仁爱"为核心的一套学说。中国历史上民居建筑的室内设计,都与儒家的思想有着千丝万缕的联系,反映了人们的生活方式和价值观念。这种传统的设计思想逐渐积淀,并深深地烙印在民族社会心理与文化生态结构之中,形成了清晰的、延绵不断的中国传统室内设计的艺术特色。

室内设计中的儒家思想作为一种设计理念,是设计师在设计实践中首先要考虑的因素。此外,设计师还要在实践中不断地对其加以完善和发展。室内设计和人的关系,是室内设计和社会意义上的个体的人相互依赖、相互制约的辩证关系。室内设计本身和人是一对天然矛盾,处理不好这对矛盾,就会引发累及人类自身的许多问题。室内设计着重考虑人的因素,其中隐含的信息就是室内设计为人服务。随着工业化的深入发展,自然环境日益恶化,人们渐渐认识到一味不计代价地破坏环境是极其错误的。根据儒学建立的以人为本的设计理论,是对室内设计的重要贡献。在室内设计发展的历史上,从把人当作会说话的工具和被动的物来看待,到认识到人的价值和尊严,并进而重视人、尊重人,发挥人的主观能动性，确立以人为本的设计新理念，经历了一个漫长的历史过程。儒学的人本思想，不仅与现代社会的精神密不可分，而且对中国当代室内设计艺术特色的形成具有重大的积极意义。

中国家居设计深受儒家文化影响，儒家的美学观点是建立在道德教化之上的。同时，它在社会中又有着重要的意义，对艺术的形式起着规范的作用。家居设计只有包含了道德内容才有美，在一定意义上也就是形式和内容的统一。美是形式，善是内容。中国传统家居在色彩上以红、黑为主，在形式上采取对称的布局，格调高雅，色彩成熟。儒家思想中的人本思想是中华民族智慧的结晶，是历代先贤们在漫长的历史过程中积淀下来的宝贵精神财富，是一个民族生存发展的基石，其博大精深的思想，为设计师进行家居设计提供了取之不尽、用之不竭的思想文化资源。

当代设计师一定要把握住时代的脉搏和民族独有的个性。家居设计既要有时代感，又要兼有民族性，要以独特的眼光进行创意性设计，充分显示崭新的风格。设计师在设计意识上应立足于博大精深的中国传统文化，深挖中国传统文化资源，使家居设计整体多元化。这使人们对设计形态、设计情感产生了更高的要求，促进新的题材和形式出现。对于设计师来说，如何将儒家思想完美地融入家居设计是一门必修课。当代设计师应将现代元素导入其中，结合功能主义和实用主义，追求具有特色的现代中式设计。另外，设计师还应当力求有独特的见解，要赋予空间与环境独特的语言，丰富其中式文化内涵及其愉悦身心的外显特征，将现代的设计理念与传统文化有机结合起来。

二、佛家思想对当代设计的影响

（一）佛家的美学思想

佛家的思想主要是禅宗思想，禅宗思想是在印度佛教的基础上产生并与中国老庄思想、魏晋玄学相结合而形成的一个既有精致的世界观，又有与世界观相契合的解脱方式和认识方法的宗教思想。中国禅宗的世界观理论是"梵我合一"，即我心即佛，佛即我心。

禅宗美学思想即"闲""达""静""远"诸体于心的统一。在追求对人世利害得失的超越而达到精神自由这一点上，禅宗和道家的思想是相通的。但禅宗不是以道家所谓自然无为的"道"，而是以主体的"心"作为求得解脱的根据。禅宗缺乏道家那种与无限的大自然合一的明朗欢快的态度和宏伟气魄。由于退回到主体的内心世界中，禅宗经常给自然染上了凄清、孤寂、空幻的色彩。禅宗又极大地提高了主体心灵能动性的地位，把主体内心的自觉自由放到审美和艺术的最高位置。一切外在的事物、现象，只有作为主体的这种内心生活的表现，才具有真正的美的意义。这是中国古代美学发展过程中的一个重大变化，它隐含着中国古代美学从古典主义到明清浪漫主义的转变。

画家张璪所谓"外师造化，中得心源"的理论，同禅宗强调"心"的作用一脉相承。

古诗"野凫眠岸有闲意,老树着花无丑枝",通过景的描写与情的表达,让人们在大自然中感受到闲情逸趣,表达了对优美自然景色的赞美。这也体现了"外师造化,中得心源"的禅意。

苏轼在论唐代大诗人兼画家王维的《蓝田烟雨图》时说:"味摩诘之诗,诗中有画;观摩诘之画,画中有诗。这说明王维的画追求一种轻松自在的内心感受,探寻一种淡泊空灵的心理状态,是"内心澄净"和"自然适意"的相互融合,是一种心灵澄净的自我娱乐和解脱,实质上也是他人生哲学和生活情趣的反映。诗与画的境界是诗中有画和画中有诗的糅合,是一种物我两忘的最高境界!

晚唐司空图的《二十四诗品》更为集中和鲜明地表现了禅宗对传统美学思想的深刻影响,更为成功地把禅宗的思想倾向化为一种审美的理想和境界,标志着晚唐美学的重大转变。此外五代山水画家荆浩的《笔法记》推崇王维、张璪的创作,谓其"真思卓然,不贵五彩",也表现了禅宗在美学中造成的影响。

宋代美学的重要特点是既不向往神仙或宗教的狂热境界,也不渴慕治国平天下的事功业绩,它面向现实的人生,高度重视生活情趣,任由情感自然地流露和表现,推崇平淡天然的美,鄙视宫廷艺术的富丽堂皇、雕琢伪饰。反映在文艺批评上,中唐的僧皎然在论到诗体时已把"逸"置于第二位,之后朱景玄在《唐朝名画录》中又在"神""妙""能"三品之外增加了"逸"品。到宋初,黄休复在《益州名画录》中进一步把"逸格"提到"神""妙""能"诸格之上,认为画中"逸格"最高,其特征是"拙规矩于方圆,鄙精研于彩绘,笔简形具,得之自然,莫可楷模,出于意表"。这正是与宫廷艺术不同的士大夫文人艺术的特征,是中唐以来强调直觉、灵感、意境,在平淡中见隽永的禅宗美学倾向的表现。

(二)佛家思想对设计艺术的渗透

在古印度奴隶制度下,阶级矛盾和民族矛盾集中反映在种姓制度问题上。社会动荡,人们生活于水深火热之中,无法得到温饱和安定的生活。悉达多在毕钵罗树下悟出了解脱苦难之道,痛苦无望的人们虔诚地追随着能够给他们带来幸福平安的神奇"力量",佛教就此产生。

中国是一个多宗教的国家,有自己独特的道教,并且先后输入逐渐具有中国特色的三大宗教。佛教进入后,中国思想界形成儒、佛、道三家鼎立的格局。佛教为了自身的发展,在与儒、道的共存中互相吸收融摄,形成具有中国特色的宗教。儒家讲究"有",秉承功利主义和有为;道家尊崇"无",讲求"道法自然,清静无为";而佛教讲"非空非有",看似相对,实却相通。以儒治世,以佛治心,以道治身,三教在融合中发展。

魏晋六朝,佛教盛行于世,道佛因冲突而排斥,因排斥之接触而融合,儒家亦因帝王及名儒多转向佛,在宗教哲学观念上主要依附于玄学,在玄学影响中发展。佛学中的概念比附于玄学中的"本末有无"。东晋以来,佛教经典翻译日益增多,流传更趋广泛,中国的佛学论著纷纷问世。佛教推崇"色即是空，空即是色""四大皆空"的精神境界，而老庄哲学中追求的同样是天人合一而"感通"的精神境界。在政治伦理观念上，佛教通过翻译、释义、著述和创立学派等不同途径迎合、比附中国固有的文化，迎合儒学。由此可以看出佛教与道教、玄学以及儒家的思想联系。

佛教引入后逐渐与中国当时的社会实际相结合，并对中国社会产生了重大的影响，这种影响不仅局限于宗教、哲学、文学等领域，在文化艺术方面也产生了显著而深远的影响。中国室内家居设计里经常发现广阔的空间中只有简单的一件家具，其他空无一物；或者偌大的室内空间只取其一角悬挂内容极其简洁的字画，如此等等，便是佛教的"禅"意所在。佛教的"禅"讲求虚灵宁静，把外缘都摒弃掉，把神收回来，使精神反观自身。由"禅"产生的"禅意"影响了人们的审美观念，许多人喜欢简洁，崇尚质朴，不需要多余装饰的艺术设计。"禅"的宗旨是启迪人的心灵，启发人的智慧，引导人们进入更超脱的自由世界。这种超脱的精神境界在艺术设计中通过简约、无多余装饰的设计来展现，满足了参"禅"者特殊的审美情趣与安恬的精神感受。由此得出，佛教文化与艺术设计联系密切，并且对当代设计产生了重大影响。分析佛教文化对于我国艺术设计的影响，对于了解艺术设计的发展和指导当代设计具有不可替代的作用。

魏晋南北朝是一个在思想文化中极其自由、极其解放、最富于智慧、最富于热情、最富于艺术精神的又一个百家争鸣的时代。随着当时佛教文化的传入，新的价值观、人生观和生活观在审美观念和艺术设计中得到了具体体现，中国的建筑、绘画、家具设计等也都在吸收了佛教文化的内涵后得到了巨大的发展。这一时期，人们开放的思想观念使得佛教文化进入后拥有了快速成长的沃土，而随之发展的艺术设计也得到了人们的认可和接受。在家具设计中，千姿百态的佛座随着佛教文化进入了人们的生活，高型家具设计随之出现，除了以往的胡床以外，又增加了椅、凳、墩、双人胡床等，垂足坐的习俗就此开始。而墩的出现，对于魏晋南北朝家具品种的丰富，尤其是对于凳类家具的发展，起到了至关重要的作用。此外，在家具上出现了与佛教有关的装饰纹样，如著名的莲花图案等，反映了魏晋时代的社会风尚。从此开始的家具设计，一改前代的正统汉风，以崭新的高型坐具和垂足而坐的新习俗，揭开了中国艺术设计史上家具设计的新篇章。

魏晋南北朝之前，我国纹饰的主题以动物和几何图形的纹饰为主。从魏晋南北朝开始，在佛教文化的影响下，植物花卉题材的纹饰渗透到了包括陶瓷装饰、建筑装饰和金属器皿装饰等所有的艺术领域。佛教将莲花视为圣洁、吉祥的象征。莲花图案发展演化到隋唐时期，造型更加饱满，又被称为宝相花。莲花图案的发展与演化反映了佛教文化对整个艺术文化领域的影响程度。由于唐代前期实行开放政策，佛教僧人大批进入唐朝境内传教，为在中国境内流行已久的佛教不断输入新鲜血液，也因此佛教文化在唐朝达到极盛时期。唐朝佛教的发展，给文化艺术带来了深刻的影响，如龙门石窟以及敦煌诸窟彩塑各像的造型设计及艺术内涵，均达到了佛像雕塑设计的巅峰。

中国佛教艺术的飞跃发展始于魏晋南北朝时期。佛教思想在中国迅速发展，与中国传统文化有了更多交流。这种交流不仅对中国思想史的发展有重大意义，而且对中国文化和艺术的发展也起到极大的促进作用。这一时期的绘画、雕塑、建筑等艺术设计在作品中体现出佛教文化中的禅韵、禅心以及禅机等超脱世俗的精神境界。宗教与艺术之间存在的诸多相通之处，使宗教和艺术在整个历史发展过程中结伴同行，相互影响和渗透，并在对立和统一的关系中，不断发展自己。

此外，一些佛教艺术创作对当代设计的创作方法也产生了一定的影响。佛教艺术给人们的美感不是刻意的、形式化的，是在佛教的传播和发展过程中与自然、与人们的心境相契合而产生的一种意境之美。佛与禅是人文精神的升华，是人们向前、向上努力的一个方向。禅是一种生命的智能，生活的指南，心灵生活的艺术。透过禅的训练，心的效能会不断提升，使人具有清醒觉察的心力。也就是说禅是一种智慧，一种独特的思维方式，佛教中的"禅机""顿悟"等思想能够帮助当代设计师在抽象思维的训练上寻找到新的方法。日本当代设计师把对禅的理解运用到室内设计中，简单朴素的物体和天然纯粹的材料能够营造出具有独特意境的室内空间，使人的心境平和、安详、超然物外。而这种朴素、简约之美与佛教艺术所表现出来的"纯净意向"也是完全契合的。如"清风"禅榻设计。清风产品成形于2005年，"清风"系列以"减法"的设计语言，对作品抽丝剥茧，最终保留其筋骨，为内心营造一片宁静的天地。"清风"禅榻由胡桃木整体框架与可脱卸的纯天然麻质面料组成，借鉴风衣的裁剪手法，实木框架如同穿上了一件素袍，精致圆润的扶手小心翼翼地从左右两边的"衣袖"中伸出。一张"清风"禅榻，一方属于内心修行的纯净天地。微风下，两侧扶手如"两袖清风"般拂动，恰好道出设计师借物喻人的巧妙心思。这般心境恐怕也只能席坐于榻上冥想片刻后方可意会吧。比如，"八方"禅椅的设计。该禅椅采用北美黑胡桃与丹麦进口羊毛面料，脱胎于传统圈椅的制式，座面八方，姿态谦逊平和，蕴含禅思落定的沉稳。扶手圈椅开阔圆满，放低的座面边缘以线条的细微变化响应承载之力，靠背相应放低给予腰部支撑，八角座面特选青灰色羊毛面料，气韵流转其间。盘腿席坐，手抚椅圈，斟茶摇扇，或独坐品读，或促膝畅谈，给人一种平心静气之感。

总之，佛教对中国文化有着深层次的渗透，佛教艺术对当代设计也有着深远的影响，如何从佛教艺术背后发掘出含有中国特色及传统精神的隐性文化，并将这种文化内涵应用于当代设计，是当代设计师应该认真思考并给予高度重视的一门学问。那些脱身于佛教的艺术创作元素和题材传递着博大的佛教精神内涵，蕴含着独特的艺术价值，是先人为我们留下的宝贵财产。当代设计师可以从中获得对人生、对社会，甚至对自然的人文解说，进而运用在自身艺术实践中，并形成一种独具历史文化特色的设计风格。

三、道家思想对当代设计的影响

（一）道家的美学思想

中国古典美学的起点是老子哲学。老子在其《老子》中提出的"道""气""象""有""无""虚""实""味""妙""虚静""玄鉴""自然"等一系列概念，对中国古典美学体系的形成产生了巨大的影响，成为许多中国古典美学理论，如"澄怀味象""气韵生动""虚实相生""境生于象外"等思想。老子对艺术和形式美持否定态度，主张"自然无为""涤除玄鉴""虚静"。老子"游心于物之初"，这种试图从整体上、根本上把握事物并认识美的思想，造就了中国古典美学全方位审美的特质。

庄子继承并发展了老子的美学思想，庄子说："天地有大美而不言，四时有明法而不议，万物有成理而不说。圣人者，原天地之美而达万物之理，是故至人无为，大圣不作，观于天地之谓也。"他认为，作为宇宙本体的"道"是最高的、绝对的美，主体必须超脱利害得失，才能实现对"道"的关照，从而达到"至善至美"。庄子通过"庖丁解牛"等寓言故事，表达了创作的自由就是审美境界的思想。

老庄的美学思想是中国古典艺术中"意境"的思想根源。其美学思想主要包括：企图通过"复归于婴儿""心斋""坐忘"等心理途径，令人去物欲、超功利，或通过"天地一指""万物一马""道通为一"的逻辑途径，令人超对待、破拘执。老庄美学思想的目的在于在一种审美心境中领悟存在的至高的统一性，从而获得本真的感觉和本真的存在。

（二）道家思想的"一"文化

老子的《道德经》，作为道家思想的奠基之作，在我国文化史上有着非凡的地位。老子的《道德经》只有五千字，却是无价之宝，所谓玄之又玄，众妙之门。《道德经》又称《道德真经》《老子》《五千言》，是中国古代先秦诸子分家前的一部著作，为其时诸子所共仰，传说是春秋时期的老子所撰写的，是道家哲学思想的重要来源。道德经分上下两篇，原文上篇《德经》、下篇《道经》，不分章，后改为《道经》在前，《德经》在后，并分为81章。

从《道德经》传达出来的道家思想来看，最为至高的境界当属恬淡虚无、清静无为、抱元守一。如若不能"空明虚无"，那就要做到"凝神守一"。

抱元守一中的"元"即道家所指的最原始根本的事物，至于"一"，和"元"是最接近的，是万物生成变化的根源，是返还原始大道的必经之路。"一"在《道德经》中出现了多次。比如，《道德经》第四十二章"道生一，一生二，二生三，三生万物"，第三十九章"昔之得一者，天得一以清，地得一以宁，神得一以灵，谷得一以盈，万物得一以生，侯王得一以为天下正"。"道生一，一生二，二生三，三生万物"，是《道德经》对宇宙起源的一种探索和认识。其含义是说宇宙最初有道，"有物混成，先天地生。寂兮寥兮，独立而不改，周行而不殆，可以为天地母。吾不知其名，字之曰道，强为之名曰大"。"道之为物，惟恍惟惚。惚兮恍兮，其中有象；恍兮惚兮，其中有物；窈兮冥兮，其中有精。其精甚真，其中有信。自古至今，其名不去，以阅众甫。吾何以知众甫之状哉？以此。"在老子的思想中，道是先天地而生的，是天地的创造者，道虽然看起来很恍惚，但在恍惚之中有图像，有物体，有精神，有灵性。有了道，宇宙的秩序就得以建立。有了"一"，便有了"二"，二在道德经中为阴阳的含义，狭义来说，阴阳为父母，有了父母，才诞生了子，父母子构成了"三"。这个"三"，便创造了世间万物。

"一"，通俗地说，就是原始，就是万物之初，万物之本。抱元守一，就是混融原始的状态，守住内心的最初状态。从根本上说，就是清净，回归原始心态。凝神内敛，关注自己的精、气、神。这样，外界的纷扰就会慢慢散去，归于沉寂。

浑浊的水只有静下来，才能慢慢地将砂石沉淀，还原水的清净本色。庄子说："万物无足以铙心者，故静也。水静则明烛须眉，平中准，大匠取法焉。水静犹明，而况精神！"可见清净凝神也是《道德经》所体现的"一"文化的重要内涵。

思想纯一，心无杂念，保持纯真高洁，心无旁骛，可以让人生活轻松自在，专注于最应该做的事情。抱元守一，并不是道家思想中的最高境界，老庄著作中也并无更多的论述，清静无为进而达到虚无是更高的境界，但《道德经》中"一"文化所提倡的抱元守一，反而更接近于现实，更值得我们从现在做起，清净凝神，摒弃多余的欲望，在纷扰的外界生活中找寻到真我。

（三）道家思想在当代设计中的应用

1. 道家思想与当代设计

当今社会，物欲横流，信息糟杂，虚荣与浮华的社会风气对产品设计产生了重大的影响。最近几年兴起的中国传统设计，在一定程度上引领了当代设计的正确方向。将传统文化应用于当代设计，或是显性符号的应用，或是隐形符号的体现，其中所表现出来的文化精神远远大于设计本身。几千年的文化底蕴培养出中国人沉静和谐的审美观念，为进行传统文化产品设计提供了良好的基础。

道家思想作为中国最具代表性的传统思想之一，也在这一传统设计风潮中被广泛地运用于当代设计。谈到道家思想的运用，最典型的案例便是茶具设计。将道家思想融入茶具的设计不胜枚举，将茶与道家思想联系起来也确实有可循之道。茶与道家的紧密联系，可以追溯到茶的起源。茶源自药，《神农百草经》中写道："神农尝百草，日遇七十二毒，得茶而解之。"唐陆羽《茶经》里也曾记载"茶之为饮，发乎神农氏。"中国茶文化也被吸收了道家思想中"天人合一、顺乎自然"的思想，虽然之后又受到了儒家礼文化的约束，佛教禅文化的影响，但中国茶文化中的"道"意味仍是其灵魂主导。例如"围棋"茶具设计，运用了中国传统围棋的设计元素。而设计之初，设计者便找到了围棋与茶艺之间的联系。这种联系就是道家思想。围棋只有一白一黑，符合道家思想中一阴一阳的哲学。围棋诸子无尊卑高下之分，契合了道家思想中的"众生平等"思想。而这也是中国茶道精髓：无尊卑，无为，顺其自然，有无相生。道家思想作为设计作品中的一条隐性线索，让我们感受到了来自中国传统文化的精髓和深意。又如工艺大师谢华先生的紫砂壶精品太极百岁壶的设计，即是取自"天地一体，道承太极，极生两仪，仪应四象，象出八卦，而有万物"的道家思想。壶身"细线缠绕"，"软"如水滴，至柔至阴；壶梁、壶嘴有棱有角，强劲挺拔，雄阳刚健。整壶阴阳相依、刚柔相济、浑然一体，寓意天地万物生生不息，绵绵不断。这件太极百岁壶，充分发挥了刀笔陶泥的肌理效果，浓淡虚实，疏密开合，气脉贯通，灵透活脱，富有意境和情趣，将中国的太极文化演绎到了极致。刀飞线舞，变化万千，奔放豪纵间勾描出一个浩游的大千世界。再如"合一"茶具设计，秉承道家"天人合一"设计思想，强调人应顺应自然，符合大道，不能将自然物质与精神世界分离，强调物我合一。这种思想在茶道中则表现为人对自然的回归渴望，人的自我认知的回归。"合一"茶具设计则仿天地宇宙变幻，运用纯白色和陶瓷冰清玉洁的质感，来象征宇宙伊始、混沌初开时期的淳朴自然、天人合一的纯净之美。

以上案例中，有的将道家思想作为一条隐性线索蕴藏在产品设计之中，有的则利用道家符号作为显性线索来进行设计，有的则是利用色彩、材质来反映道家思想的精髓。

2. "道"意味的设计解读

综观当前东方元素产品设计，道家看似不如儒家、禅宗思想一样得到广泛的应用，却如碎片般散落在每个小细节中，让我们在无形之中体会到"道"的意味。或许，这才是道的真谛，大隐隐于形，却毫不费力地为我们营造了洒脱逍遥的氛围。具体来说，这种洒脱逍遥氛围的烘托，来自对产品造型、材质、色彩、符号、意境、思维动势的运用，以下就从这几方面来解读"道"意味的设计。

（1）造型上的简练纯粹，意蕴悠长

道家思想的审美理念轻形式而重精神，注重从形式到传神的演变。与此类似，艺术的形式也不是刻板的，而是如自然万物一般，不停地变幻，并在变幻中得到精神的升华。产品造型一经确定，就不可更改，但是通过造型线条的组合变化所传达出的意味却可在人的脑海中层层变幻，意蕴悠长。

道家思想的精神里，强调去除一切的矫饰和虚伪，凝神静气，抱元守一，回归真我。反映在产品的造型中，即强调造型的简约、干练、源于基础而又无多余的修饰。通过最强劲有力的直线或是最婉约流畅的曲线来塑造茶具的外部轮廓。通过线条直曲、长短、位置等变幻组合，体现出产品的情绪和意蕴，而避免呆板无聊。

在茶具造型设计中，同时应该注意虚实结合，有适当的留白，给欣赏者以想象的空间。同时，在设计中，可适当将茶具主体的重心上移，重心高，则使产品视觉上更加轻盈活泼，更加符合道家思想中"瘦骨清像"的审美情趣以及羽化成仙的情感向往，也与饮茶神清气爽，飘飘然而仿佛置于仙境的意境相协调。

（2）材质上的纯朴自然

材质包括材料的质地和质感。质地是材料的物理属性，如材料的粗糙度、肌理等。质感则是心理属性，给人以触觉、视觉的感受，有冷暖感、轻重感、朴素奢华感等。生活中常见茶具的材质有陶瓷、金属、玻璃、竹木等，常见的茶具质感有冷峻、温暖、浑厚、朴素、奢华等。其中，取材于自然的材料更加具有朴素、温润、柔和的特性，更加符合道家思想的精髓。故而，陶瓷、竹木等材质的应用更加符合此类茶具的设计，使得茶具的设计与所要传达的思想情感协调一致。

（3）色彩上的朴素协调

色彩在视觉艺术中所占的比例最重，不同的色彩会给人以不同的心理感受。冷色系给人以冷静、脱俗、轻盈之感，暖色系给人以温暖、明快之感。冷色调以及无彩色调的应用，诸如清澈的蓝色调、纯净的白色调、亲近自然的绿色调、质朴冷峻的黑色调，都是道家思想影响下茶具色调运用的良好选择。

（4）道家思想符号运用

除去造型、色彩、材质等方面的应用，装饰图案、文字、符号等也是当代产品设计的重要组成部分，通过隐喻、提喻、借喻等修辞手法将符号语言应用于产品，能够更好地帮助产品体现出其设计意味。这些符号包含具体的图案、书法以及诗词歌赋等。比如，道家民俗符号中的福禄寿喜财，吉祥如意的符号；养生之道中的阴阳协调，太极八卦的符号；大气飘逸的书法运用，如"名山历观，遨游八极，枕石漱流饮泉。沉吟不决，遂上升天""云行信长风，飒若羽翼生"等诗句。若将此类符号语言或是直接或是间接融合于茶具的设计之中，则可使产品更加具有意蕴和表现力。

（5）构建道家思想意境

一套茶具由多个部分组成，设计时可借用各个部分的组合变幻来渲染整体的意境氛围。使用者在使用过程中，通过茶具的位置变幻来体味设计者所要传达的意图。同时，设计中也可添加一些其余的装饰，如香座、插花、摆饰等来帮助产品意境的传达。

（6）打破常规，创造思维的动势

饮茶品茗是一个动态的过程，包括茶叶的动态变化、水温的变化、茶量的变化、人心境的变化等。茶具设计将茶具与饮茶动态的变化结合起来，随着饮茶阶段的不同，茶具亦有不同的变幻，传达给品茶人的情感亦随之深入，这即是最佳的设计境界。例如，随着茶水的注入，茶杯内的景象发生改变；随着茶温的变化，茶具色彩发生改变等。然而万变不离其宗，万物改变，而抱元守一，凝神思之，心无杂念，保持纯真高洁，心无旁骛，则会悟出其中之道。

通过对茶具设计的造型、材质、色彩、符号、意境以及思维动势等要素的分析，我们可以发现，独具道家意味的当代设计往往具备以下特点：产品造型采用简洁、干练的线条，以简单的形状和纯粹的理念来直入人心；自然材质的运用可以更好地传递"道"的意味；色彩运用上多使用冷色调及无彩色调以体现茶具的纯净之感；诸如文字、图案、诗词意境等符号语言的运用，可以使茶具设计更具表现力；利用茶具的不同组成部分，构造整体的品茗意境。总之，在茶具设计的过程中，要有大局观，注重整个流程，关注始末的变化过程与不同之处，从每个细微之处着手，营造出整体的氛围意境。

第五节　中国传统文化中的审美意识与当代设计理念

一、中国传统原初的美意识及其演变

中国传统原初的美意识起源于味觉，然后依次扩展到嗅、视、触、听等诸觉。随着文明的发展，这种意识又从官能性感受的"五觉"扩展到精神性的"心觉"，最后涉及自然界和人类社会的整体，扩展到精神、物质生活中能带来美效应的一切方面。美的对象演化的表现，可以从真善美关系方面做解释。

通过中国审美意识的"美""善""真"三个发展阶段，本节简介美意象，比较中西方美意识的异同，从而深入地把握中国传统审美意识的实体，阐明其本质。

（一）中国传统审美意识的最初形态

"美意识"与"美"这个词有必然关系，所以，我们首先详细探讨一下"美"字的形成，它最初的意义以及古代对它的解释。

依据《说文解字》，"美"字从"羊"从"大"，就是说，它是由"羊""大"两个字组合而成的，它的本义是"甘"。不难看出，"美"这个字，在中国传统原初的美意识阶段，当它一般地表达对于某种对象的某种特殊感觉或官能的时候，它的本义是限于这个字的自身结构来考虑的。如前所说，"美"是"羊""大"二字的组合，是表达"羊之大"，即"躯体庞大的羊"的意思，同时表达对这种羊的感受性。这样也可以理解为，"美"字起源于对于"羊大"的感受性，它表现出羊的体肥毛密，生命力旺盛，描绘了羊强壮的姿态。上文说，"美"的本义是"甘"，换言之，不难想到所谓"羊大"，是指"肥胖的羊"的羊肉味之"甘"。这种见解下，中国传统最初的美意识就起源于"肥羊肉的味甘"这种古代中国人的味觉感受。

在中国，自古以来羊毛和羊皮就被广泛用作防寒之具，不仅如此，羊肉也供日常食用，此外，羊也是祭祀、会盟牺牲之一。这样的事实说明，羊在中国古代经济生活中，是物物交换的一种重要财货。对于古代牧羊部落，羊的数量多，就意味着财富多，交换价值高，这是值得自豪的吉祥象征。因此，"羊大"不单纯是视觉、味觉、触觉的感受，也是一种生活情感感受。

这样看来，"美"字所表达的古代中国传统最初的美意识，其内容如下：①视觉的，

对于羊肥胖强壮的姿态的感受;②味觉的,对于羊肉肥厚多油的官能性感受;③触觉的,期待羊毛、羊皮作为防寒必需品,从而产生一种舒适感;④从经济角度,预想那种羊具有高度的经济价值,即交换价值,从而产生一种喜悦感。这些感受最终归结为生活的吉祥,包含心理的爱好、喜悦、愉快,可以称之为幸福感。

(二)中国传统原初的美意识的演变

中国传统原初的美意识中种种美的感受,意味着某种美的对象与人们生理的、本能的追求相接近、相合拍时的感性共感,或意味着美的对象与本能的憧憬、欲求、理性的心像。换言之,如同光的频率与感觉的节奏相合时所引起的快适感一样,美的对象所具有的跃动的洋溢着生命感的节律,与人们内部生命的脉搏相协调、相协和时,就引起美的感受。

《孟子·尽心下》讲"口之于味也,目之于色也,耳之于声也,鼻之于臭也,四肢之于安佚也,性也,有命焉,君子不谓性也"。这是说,人的本性就是口甘味美,目好美色,耳乐五音,鼻喜芬芳……追求美是人的本性。但是,这一切只不过是个人主观感官性的快乐,只意味着感官的充实感。

随着社会的进步,美的对象涉及自然界和人类社会的整体,向着人类的精神生活和物质经济生活中能带来美的效果的一方推移、扩展。其内含包括以下几个方面。

第一,一般的事物在形式、内容或性质方面都伴有朴素、单调、乏味、无聊的东西,为了避免这些,为了使事物更鲜明、更生动、内容更丰富,就要对它进行加工、整理、装饰,做成各种精巧的纹饰、雕琢,这便是美的事物。

第二,事物或者器物中"珍""奇"的部分。

第三,与第一点所说相反,对人们周围的自然界,对天地山川草木禽兽等主张任其自然,不加任何纹饰雕琢而要表达其本来的朴素状态,也可称之为"野趣"。同时,对人的言行品格,主张真挚、敦厚、朴实(在这方面,道家的美意识尤为突出)。

第四,对一般事物的形式、内容、姿态不求其十全十美,更重视事物的不全、不备或稚拙、朴拙的方面(道家的美意识)。

第五,认为事物的幽静、娴雅比喧扰、粗野更好,淡白的东西比浓厚的东西更好,柔弱的东西胜过刚强的东西。人的言行也该是谦虚、含光、守愚的(道家思想)。

第六,对诗、词、歌、赋、文章,不重其劝解内容,而以娱乐或鉴赏为目的,着眼于形式、格调、音律的整齐。对于绘画,同样不重其鉴戒内容,而重视它所描绘的山川草木、鸟兽虫鱼等自然现象及人物之神。

第七,重视事物的形式、内容、姿态的"中庸",及其调和、匀称、安定感。

第八,赞赏遵循伦理道德规范合乎礼义的言行和崇高的人格。

第九,宣扬人们所憧憬的富贵、长寿、权势以及名声、荣誉等。

第十,赞叹人们在体力、精力、容姿、风格、品位、才能、技艺等方面所具有的长处和优秀之处。

第十一，赞赏事物的丰富、繁多，生命力、生殖力的充实旺盛，或象征着吉祥、喜庆的特征。

第十二，与第十一点所说相反，描绘事物的鲜嫩、纤丽的姿态，或哀愁、悲怆的感情。

在各种各样的美的对象中，最珍贵的是那些对人们物质经济生活、精神生活或社会伦理方面特别有价值的东西。例如，在诗词歌赋、文章、绘画、歌舞等艺术作品中，能使人消忧解愁、开阔胸襟的东西；在道德、学问、艺术、政治领域，那些经历了艰难曲折，显示着不屈不挠精神的东西。张彦远《历代名画记》"吴道玄"之条有"是知书画之艺，皆须意气而成，亦非懦夫所能作也"。

（三）中国古代人审美变迁、扩大的原因

在美的对象、美的观念推移、变迁的历史过程中，对美的解释也相应地向各个方面推移、变迁，和它通训的字越来越多，如多、长、大、高、邵、厚、深、肥、充、吉、利、福、都、喜等超过一百个。而引起这种美观念扩大、延伸的原因也有多种。

首先，从社会经济方面来看，随着各种生活环境的变化、生产手段的进步，必然要发生政治体制的变革，每个人的物质生活环境，特别是王侯将相等支配阶级的生活环境会发生复杂多样的变化，这些复杂的历史变化，会反映到他们的心理、精神或者情绪上，最终促成审美意识的变迁。

其次，从风土、地域来看，由于古代中国人居住地区的气候、风土等自然环境的差异，影响人们的情操，使得美学观点具有多样性。例如，北方的气候风土使人崇尚质朴、刚健、勇武、果断；南方的气候风土使人喜欢华丽、柔和、宽容、温顺。这些不同的好尚，通过诗词歌赋、文章、绘画及其他学问、艺术，反映出各自不同的审美观和美意识。

最后，各个时期的争霸交战，促进了交通的发达，因而各地的物产、商品交易兴盛起来，这样又使人们开始喜好各种珍奇商品和珍宝。人口的流动使这些异乡人在新的山川风物中获得新的审美意识，美的意识开阔到新的境域，视野转向四季的变迁以及高山、流水、幽谷等山川草木、鸟兽虫鱼事物上，从而美的内涵更丰富了。

（四）中国传统的美意识的总结

中国传统的美意识或者审美观念，可以从"美""善""真"三个角度来理解和总结。

第一阶段，中国传统的美意识只是原初的、感性的东西，只停留在官能的美的感受及感性的愉悦和快乐，只能把给予感性的满足的对象作为美的对象。

第二阶段，美的对象摆脱了个人主观性，不仅把在生理本能上受直接刺激而产生愉悦感的东西作为对象，而且把具有社会伦理意义的东西，即在精神、理性方面能给予的满足和充实感的东西也作为对象。这时的"美"成了"善"的同义词，是精神的、理性的愉悦，比单纯的感官感受更能打动人心，具有更高的伦理价值。

第三阶段，人们体验到了一个新的美丽世界，这时的"美"不只限于"善"，而是与包容、超越美丑善恶对立的绝对的"真"的本质相同。既不单纯是精神上的满足感和充实感，也

不是原始的感官上的快乐，而是净化了各种尘俗之心、使感性的愉悦和理性的愉悦浑然无别的更高一层的绝对的恍惚境地。换言之，这样的美的感受，只有在探究生命本源时才会产生，如晋代顾恺之的《论画》、南齐谢赫的《古画品录》。这的确是中国传统美意识进化的极境，同时也可以说明他们精神生活的升华，以及所处时代历史、文化的发展进步。

"美""善""真"是中国传统美意识的演变和概况，在中国"美"的东西不一定就是"善"的，而"善"的东西往往是美的；当"真"作为形而上的实体，意味着宇宙的根源性创造性的生命时，它与"美"便是一致的了。

二、"大象无形""大巧若拙"与当代设计的朴素、自然

在商业化气息浓郁的今天，充斥着许多华而不实的设计，"大象无形""大巧若拙"这一古代东方哲学对探索当代设计的朴素、自然之道具有重要指导意义。

象者，世界万物，器也；道者，普遍规律是也。《易传·系辞》里说："形而上者谓之道，形而下者谓之器。"设计往往是道器两者的结合。古代东方哲学中的"大象无形""大巧若拙"是设计的一种最高境界，真正大气的、有大家风范的设计形态是不过分注重细部雕琢的形态，自然而然表现为一种整体的和谐，蕴含一种混沌一统的内涵，体现出一种朴素、自然的美。从当代造型角度看，"大象无形"指的是用最小的设计变化方式来获得最大的功能需求，意指用最简洁的设计语言要素来表达功能的最大化。这里的功能包含物质功能与精神功能。在当代设计中运用传统造型元素表达作品的意境就是要在不经意之间，在顺其自然之过程中完成，没有过多的夸张与修饰成分。"大巧若拙"出自《老子》第四十五章："大直若屈，大巧若拙，大辩若讷。""大巧"即最高的巧，与"拙"相对。"大巧"不是一般的巧。一般的巧可通过人工来达到，而"大巧"作为最高的巧，是对一般巧的超越。从设计角度来说，"大巧若拙"表现为一种去机心重偶然、去机巧重天然、去机锋重淡然的设计倾向。这在中国园林艺术中颇有体现。中国园林艺术多用接近自然景观的装饰，如池塘、花木、假山等很少有人工技艺雕琢的东西，表现出一种自然、亲切之感。

设计并非高高在上，设计的起点就是生活本身。当代设计的高度技术化、商业化使人们陷入了一个误区：越灵巧越好。多数设计人员，包括设计专业的许多学生，缺乏对设计、对生活的深入理解，盲目地追求个性、奢华，追求能给予人感官刺激的设计作品。对各种表现个性化、形式化的设计手段不加选择地加以利用，作品的设计语言难免变得模糊不清，而设计形式的过于繁缛常常会令信息的接受者感到头晕目眩。如何展示个性对设计师来说固然重要，而为了个性而个性，结果无异于对个性的放弃。

每一位设计师独特的个性都应植根于丰富的文化内涵，由内而外地在设计作品中流露出一种自然的个性美、形式美。日本无印良品的设计摒弃了华而不实的包装，追求简单、朴素。同样是一把简单的饭勺，欧美设计师会用钢铁来做，而日本设计师却会用能体现东方味道与自然味道的竹子来做。无印良品在物料上物尽其用的原则和健康环保的主张也引

人关注,天然棉麻、纸质、竹子等可再生原料的利用使得无印良品的设计散发出一股清新、自然之风。

凯伊·弗兰克的设计主张是反设计,即打破世俗偏见和陈规陋习,还原物品最本质的自然状态。他曾说:"我不愿为外形而设计外形,我更愿意探究餐具的基本功能,不如说是基本想法。"日本著名设计师原研哉在《设计中的设计》里提到"无何有之乡",蕴含着一种很重要的价值观。一件看上去无用处的东西,内涵却很丰富,因为容器是空的,才能储存东西,无中才能生有。当设计在以牺牲环境去换取经济利益的时候,设计便变得浮躁而急功近利了,我们再回过头来学习"大象无形""大巧若拙"这一传统哲学文化就具有特别重要的现实意义。当然,要在设计中真正做到自然而然,绝不是一朝一夕所能完成的,设计师必须面向生活、关心人与自然的和谐关系,在生活中培养潜能,给予设计无限的创作动力。

"大象无形""大巧若拙"作为一个哲学命题,强调的是一种自然、朴素的美,与当代设计提倡的绿色环保理念相呼应。绿色设计理念是从生态系统良性循环的角度提出的设计观,代表了一种新的正确的设计方向,促使人们重新体会自然、尊重自然、改善与自然和谐相处的关系。当代设计的绿色环保理念表现在材料上的自然环保、设计物与自然的和谐关系上。材料上的自然环保提倡运用自然材料,不矫揉造作。例如,景观设计的就地取材、因地制宜的设计原则,使用与当地环境相适应的植物,不做过多雕饰,保持自然、质朴的风格。这种返璞归真的艺术气息,给予景观设计无限的自然美感与生命力,设计物与自然的和谐关系表现为:设计作品不以牺牲自然来寻求经济利益、杜绝和减少设计物的有害物质对环境的污染。这是自然对人类无声的要求,也是全社会、全人类健康发展的要求。设计最重要的是为人类提供人性化的服务,为不同层面的人所欣赏,矫揉造作、哗众取宠的设计只会遭到社会无情的淘汰与指责。设计应该立足于为大众服务的观念基础上,真正做到"大象无形""大巧若拙"。

三、"美善统一"的中庸美学思想与当代设计

儒家美学思想是中国美学思想的代表之一,而"美善统一"则是儒家美学思想的核心,可以说整个儒家美学思想体系都建立在这个基础之上。其中"美"是指外在形式,"善"是指内容,在最根本意义上是指高尚的道德品格。《论语·八佾》中曾有记载:"子谓《韶》:'尽美矣,又尽善也。'谓《武》:'尽美矣,未尽善也。'"这是由于《韶》乐是表现尧舜禅让之事,表达的是一种仁义礼智的理想,因此孔子评论其尽善尽美;而《武》乐因为表现战争内容,不符合道德要求,所以孔子评其尽美而未尽善。由此可见,孔子认为尽善尽美,表现形式和通过形式所传达教化的高尚道德的统一,才是美的最高境界。但孔子的美学思想受其恢复周礼的最终目的的制约,有明显的保守色彩,过多地强调艺术的社会功能。"善"所传达教化的东西规定了社会的道德美,将个体情感更多地赋予了社会性的意义和

使命感,最终是为了维护王权统治。而在现代社会人权解放的大背景下,"善"衍生了新质,除了社会功能的高尚道德品质树立的本身概念,还有精神的慰藉和身体的保护等,同原来相比,更多的是指通过形式带给人的有益的作用。

与当代设计相结合,"善"的衍生新质是设计带给使用者的良好的服务和生活方式。而在"美"也就是外在表现形式的层面上,由于现代社会生活节奏加快,潮流变幻多端,各种设计流派杂糅并存,不同群体追求不同的表现方式,甚至同一群体不同时间空间追求的表现方式也不同,因此很难评判和界定哪种形式是美的。因此,儒家思想原本提出的评价标准,凡是"美"的就必须体现"仁"、符合"礼",不再符合现代评价体系。也就是说,当代设计在"美"的层面上较难确立一个统一的评价标准。

将"美"和"善"作为独立的两方面分开来看:"美",不同的表现形式较难评定好与坏,它的面是散开的;"善",提供的服务和营造的生活方式指向性很强,有益于人的生存和发展,是设计美学的真正价值。由此可见,"善"更深入贴切地指向美的评价标准。所以,儒家美学里尽善尽美的思想讲求形式和内容的统一,甚至美统一于善,仍适用于当代设计。但是结合当代社会来看,"美"统一于"善"不再追求艺术的社会功能,而是设计的更高层次。不"美"的设计少有人问津,很难创造商业利润,因此很多设计首先追求"美",而设计美的最终目的却是"善",若一个设计没有达到"善",其实也没有达到最终的美。例如,一件产品外形美轮美奂,但为了追求利益,采用的材料对人体有害或者废弃后对环境造成严重污染,那么这件产品再美观也不是美的。所以,就现代设计艺术层面而言,"尽'善'尽美"仍是当代设计美学的基础。"美"很重要,并且统一于"善","善"的最终目的不再是加强社会统治而是为人类提供良好的服务和生活方式。

"美善统一"是孔子提出的美学的基本原则,在此基础上,他提出美学批评的尺度——"中庸"。"中庸"以"过犹不及"为准则,强调情感的适度表达。孔子曾赞美《关雎》"乐而不淫,哀而不伤",认为艺术的情感表达如果超过适度,欢乐的情感就变成放肆的享乐,悲哀的情感表现就成了无限的伤痛,只有情与理的和谐统一才是最理想的,才符合"中庸"的原则。儒家中庸美学思想对我国传统艺术影响颇深,形成独特的"中和"之美。所以,我国传统艺术基本建立在中和之美的基础上,形成传统艺术的特殊风格,艺术形象温柔敦厚,追求意境的恬淡宁静,表现方式讲究委婉比喻,讲求含蓄美。

当代设计中也有许多作品体现"美善统一"的中庸美学思想,如"以石代山,以烟代水"的"高山流水"香台设计,点燃一炷香,进入"空山无人,流水花开"的世界,犹如瀑布般的烟雾从香台的上部缓缓倾流而下,形成一幅动中有静、静中有动的"高山流水"画面。"高山流水"香台采用自然的形态,将朴素的自然之美融入产品中,同时流露出一种"中庸"的生活哲学和态度。又如,土陶器皿样式的茶具设计蕴含和谐、平静的意境和价值观,突出儒家的中庸思想。在人与自然的关系中,强调天人合一、五行协调、相融相生。通过饮茶过程中的和谐气氛增强彼此的感情,表达一种和谐、友好、"美善统一"的中庸美学思想。

"中庸"之美之所以强调在艺术创作中避免走向极端和片面,达到恰当而不"过",力求温柔敦厚之美，是因为儒家认为欣赏者在喜、怒、哀、乐任一种情绪上产生"过"，就会损害身心，影响社会稳定和谐。但是，这种对情感表达的度的要求使情感被牢牢禁锢在一个相对安宁和谐的形式中，一定程度上并不适合现代日常生活，更不适合对艺术的发展和创新。日常生活中，现代快节奏的生活迫使人们需要用恬淡宁静的美来中和日常的疲惫和压力，但并不是人人都只有通过听《关雎》、购买水墨画或者竹制品来克制住情绪的度才能驱走疲惫纾解压力。很多人压力大时爱听摇滚乐或蹦极，疯狂的节奏和行为超出了"中庸"之道规定的尺度，但是却能让人抛开重压再次充满前进的动力。这就意味着传统的"中庸"之道单纯讲求艺术的"中和"之美和温柔敦厚并不能适应当代社会，而是应当变换方式，追求艺术和生活的"中和"之美。艺术的表现形式和内容是活的，随时根据生活的需要来调整，两者达到中和才能化解不良的情绪，抚慰个人情感，真正达到个人情感的恬淡宁静，从而获取最终的和谐之美。在艺术的发展和创新方面，一味地追求和谐安稳就没了创造力，没有创造力就不能返本开新，无法适应现代社会，更无法创造价值。这正是传统文化影响下中国设计缺少创造力的根本原因。因此，在艺术的发展和创新方面，不能一味满足相对安宁和谐的形式，要有创新精神，要打破原本的形式去探索新的方向。

四、"文质彬彬"与当代设计的功能与形式相统一

"文质彬彬"出自《论语·雍也》："质胜文则野，文胜质则史。文质彬彬，然后君子。"其中"文"通"纹"，指纹理。"彬彬"在古代指配合协调。"文"并非我们一般以为的文化，它的引申意义可以是文化。"质"指质地。纹理与质地协调，即"文质彬彬"。古人都是从文和质两个方面来认识事物的。比如，石头有纹理，有质地，这样就构成人们对石头的认识。因此可以引申到对所有的事物的认识，人的认识也是如此。这其中孔子看到了事物的"文"与"质"相统一的关系，认为"文质彬彬"即形式与内容达到了和谐统一才是最好的，当代设计中讲求的形式与功能相统一的设计原则与之如出一辙。

事实上，设计物的功能与形式之争在人类的设计史上就从来没有停歇过，从人类早期造物的功能至上、手工业时期的形式至上、工业革命时期的功能至上再到如今的功能与形式的统一，这种争斗本身就体现出形式与功能之间的矛盾与不可分割性。

当代很多设计师总会对不了解设计行业的人解释"我是设计师不是艺术家""设计不是在物品上绘画"等之类的关于自身或是设计行业性质的话语。然而，我想说的是，艺术家可以不一定是设计师，但设计师一定也扮演着艺术家的角色。艺术家的作品更多的是个人情感的宣泄与表达。设计师是为大众服务的，主要是为满足以实用性为标准的功能需求。这两种完全不同的性质，不太准确地体现了一种以形式美为标准的艺术和一种以功能美为标准的设计之间的区别，设计物品以满足人们的实用性功能为首要目标，并不代表设计物品不存在形式美或不需要形式美。黑格尔在《美学》中谈到"美的要素可分为两种：一种是内在的，即内容；另一种是外在的，即内容借以表现出意蕴和特征的东西"。实际上我

们设计师在进行设计内容创造的时候，脑海里已经勾画出了设计物品的美的原型，并且期望借助美的外形传达整个设计作品的内容与意义。这里需要说明的是，形式美并不是要把我们所理解的图案、纹样、色彩不假思索地罗列到产品的表面上来，而是需要我们加以提炼与取舍，设计物品的形式不拘泥于表面存在的装饰已经融入功能当中，成为另一种隐形的功能，需要设计师来开发并满足这种功能。

每一件设计物品都与其所处时代紧密相连，无不反映所处时代的物质水平、科技水平、政治经济、意识形态等，在设计中所体现的注重功能抑或是偏重形式都是不可取的。一个设计物品需要功能也需要形式，而且两者是不可分割的。诚如孔子所言"质胜文则野，文胜质则史，文质彬彬，然后君子"，当代设计的功能对应于"质"，形式对应于"文"，文与质是相辅相成的统一体，他们之间没有高低、主次、优劣之分，形式不必完全追随于功能，功能也不必让位于形式，就像别林基所说："如果形式是内容的表现，它必然和内容紧密联系着，你要想着把他从内容中分离出来，就等于消灭了内容；反过来也一样，你要想着把内容从形式中分离出来，那就等于消灭了形式。"形式与功能的结合需要人的参与和完成，不同的设计所采取的方式也不尽相同，设计应根据客观的需求来进行主观的设计，实现主观和客观的和谐统一、功能和形式的和谐统一，这才是真正具有实际价值的设计之所在。

五、"少则多，多则惑"与当代设计的简洁

"少则多，多则惑"并不是佛家禅语，也不是庄子齐物论，更不是文字上的游戏，而是老子提出的关于如何正确把握事物的原则与方法。少了反而可以得到更多，多了会让人感到迷惑。中国的画家少数深谙此道的人，懂得如何在画面上留白，在空白处给人留下更多想象的空间，尤其是中国的写意山水画，寥寥几笔，凝形而得神。在画纸上适当留白，就是让观赏者能有更多思考的空间，很多意念、联想、价值的判断就是在这时产生的，过分的堆砌、画蛇添足只会束缚自由的思考，变成硬性的灌输。画得少、思考得多，可以说是中国画家共同追求的艺术原则。

老子的"少则多，多则惑"，道理很简单，但懂得这个道理的人又实在不多。中国佛教协会原会长一诚大师说："现代的很多人不是饿死的，而是撑死的。"这句话震耳欲聋。现代的很多人奢求更多的东西，家里的家具要多、银行的存款要多、企业的利润要多……现代社会可供人选择的机会越来越多，对人的诱惑也很多。在这些诱惑和机会面前，我们往往会迷失自己，陷于迷惑之中，不知做何选择。于是不少人迷恋于算命，结果命越算越薄，越算越迷惑。

当代中国很多的企业在做产品设计的时候也是在贪多，总以为做的品类越多，品牌影响力越大，产品的包装越豪华，产品就显得越有价值。然而，事实并非如此，国内某些知名品牌，一开始做纯净水，接着又做食品、牛奶，然后还做尿布、服装，以至于人们一提

它，根本不知道它主要是做什么的。当代的很多包装设计，装饰的手法琳琅满目，外包装精美奢华，材料从纸质、丝帛、铁再到铝应有尽有；包装的内部结构做得很复杂，从包装的层次来看，大包装、中包装、小包装层层包裹，令人瞠目结舌。就拿我们所熟悉的中秋月饼的包装设计来说，它的外包装大多数采用古色古香的木盒、做工精细的竹篮与精致的绸缎、金属膜、皮革等材料，整个包装里三层外三层，一层层打开之后却只见三四个月饼"躺"在其中，真有点"千呼万唤始出来"的感觉，让人啼笑皆非。这种超豪华的包装不仅是月饼包装才有的，化妆品、酒类、茶叶、保健品等也不例外，它们一个个都穿上了华丽的外衣，以致消费者在购买的时候有点"乱花渐欲迷人眼"，分不清厂家到底是在卖装饰品还是在卖产品。包豪斯校长格罗皮乌斯说过，"如果仅仅在产品的外观上加以装饰和美化，而不能更好地发挥产品的效能，那么这种美化就有可能也导致产品形式上的破坏"。奥卡姆的威廉也曾提出，"切勿浪费较多的东西去做，用较少的东西同样可以做好的事情"，即"如非必要，切勿实体"的原则。产品是在满足使用功能与审美功能的高度统一的前提下，创造一种既单纯又简洁的形式。奢华的包装并不能决定设计的品位，更决定不了商品本身的质量，过分的包装只会让消费者在购买之后产生上当受骗的感觉。同样，一款手机的设计，辅以适当的功能键，加上听筒、喇叭等必要功能设施足以。盲目的乱加功能，只会超出消费者认知范围与经济承受能力。过多的功能使用频率的不同，也会造成常用功能的衰竭，而且很多功能是我们在使用过程中极少触碰到的。古代"买椟还珠"的故事就曾告诉我们，在进行产品设计时，要对产品的功能进行分解，确定产品的主要功能与辅助功能。对匣子进行少的设计就是对匣子中的珠宝进行多的设计，同样对手机次要功能进行少的设计，是为了突出手机的主要功能。

当代中国的很多设计，功能越来越多，结构越来越复杂，形式也越来越烦琐，而真正优秀的设计却少之又少。相比之下，日本的设计给人一种"大道至朴"的哲学意味，日本的包装设计简洁、朴素而又不失现代美，尤其在环境问题日益突出的今天，日本设计追求简洁、绿色之风具有重要的生态意义。在中国的当代设计中提倡简洁、朴素的设计理念，并不是反对装饰主义、功能主义，而是本着"少则多"的设计原则，来避免"多则惑"的设计结果，为中国当代设计的可持续发展提供正确的理论方法指导。

六、"空则有，有则空"与当代设计的虚实相生

中国传统审美文化中的"空则有，有则空"是一种以少胜多、以简洁胜繁杂的美学理念，与当代视觉传达设计所讲求的"虚实相生"的设计理念如出一辙，它道出了艺术表现中有与无、虚与实的辩证关系。重新认识和合理运用"空则有，有则空"的传统审美理念，对表达视觉传达设计作品的主题、为当代设计理念开辟一个更高的思想境界具有重要作用。

"空则有，有则空"是极具影响力的一种传统美学观念。"空"与"有"相互矛盾又相互依存的状态使得作品具有无穷的趣味与深刻的哲理意味。"空"与"有"自古以来就在

中国的书法、绘画、园林、建筑中被广泛地运用。现代视觉传达设计中的"空白形""负形"是"空则有，有则空"在现代设计领域的传承与发展。"空白"并不等于"空洞"，"空白"是现代设计师需努力经营的空间。通过设计作品使观者获得视觉上的轻松，提供观者以想象的空间，并引起观者深思。表达设计作品深刻的主题内涵，是传统美学观念"空则有，有则空"的现代艺术价值所在。快节奏的当代生活与竞争激烈的设计行业，使得多渠道、多形式等繁杂的设计信息已不能满足当代人匆忙的生活节奏。简单、易识别的图形、图像反而能让当代人在匆忙之余缓解视觉上的疲劳，使观者产生兴趣并留下深刻的印象。视觉传达设计中的以少胜多、图形的负空间以一种独特的审美形式，表达出视觉形象的新语意，传达出设计作品更深的哲理意味，是当代设计师所追求的审美意境。视觉传达设计中的空白，并不是无形的虚空，它接近的是形的真意，是一种以形来表现空白的意境，空白虽然不实际存在，但与形相互依存、相互补充，共同构成富有意味与美感的视觉形象。例如，荷兰版画艺术家 M.C. 埃舍尔的设计作品《水与天》，在画面中，初看似乎就是一种具象的鱼渐变到一只具象的鸟，仔细一看，你又会发现其中隐含着鱼鸟契合形的设计过程，以及图像从抽象到具象、实到虚、虚到实的巧妙结合，十分有趣。值得注意的是，艺术创作中的空白并不等于空洞，"空白"留给观者的是无限的想象空间与思考空间，传递出作品的深刻哲理意味。笔者认为埃舍尔的设计作品《水与天》留给观者的绝不仅仅是视觉上的虚实相生之美，更多的是关于生态意义的哲理思考。

无独有偶，以虚实相生之美来表现作品深刻主题内涵的还有莱克斯·德文斯基（波兰）的海报设计作品《种族主义海报》。这是一幅以反对种族主义歧视为主题的作品，画面中的黑与白，即白色的脚与黑色的人脸，他们之间利用视错觉，使负形（空白形）与正形产生补充与转换，形成一种视觉上的抗衡，这种抗衡显示出"空白"形的力量感，同时体现出"有无相生""虚实相生"的审美理念，使观者在这种负形与正形抗衡与依存过程中，判断出作品设计主题的深刻内涵。通过"有则空，空则有"这一传统审美理念来表现当代视觉传达作品的主题内涵，使得作品不仅具有形式上的趣味，而且具备内容上的深刻哲理意味。"空白"对于设计师来说，它不仅是概念，也是表达设计作品内涵与主题并能引起观者深思的幽深空间。然而，在设计作品中，如果只是为了形去表现形，那么形只具备内容上的意义，而缺少形式美的趣味，作品不能打动人；同样，以空白来表现空白，设计就会处于一种完全虚无的状态，整个作品毫无主题内涵可言。姑且不论他的研究成果对于解释"图底互换"或"图"与"底"相互矛盾、相互补充的关系的重要作用，我们在图形中注视到了白色的杯形，同样也看到了对视的两张侧脸，毫无疑问，这是一种有趣的图底互换的现象，但我们除了看到这些之外，似乎看不到也判断不出作品所要表达的真正意义或是发人深思的某些东西。对于表达设计的虚实、空白来说，这不失为一幅好的作品，而对于当代视觉传达设计所要传达的作品的主题意义来看，不得不说，这幅作品略显不足。

现代视觉传达设计是一种通过视觉形象与人进行沟通与交流的活动。在有限的时间、空间内，通过视觉形象传递给观者信息，引起观者视觉感官上的刺激与思想上的震撼，以表达作品生生不息的生命韵味，是当代视觉传达设计师共同追求的目标。清代一位学者曾说："一幅画与其令人爱，不如使人思。"一件好的视觉传达设计作品，不仅在于视觉信息上的简明扼要、言简意赅，而且在于通过视觉形象传达的信息能引起观者深思，拨动观者的心弦，使观者感受到作品表达的韵外之致。

视觉传达设计中的"空白"正是设计创作者努力经营的重要部分，它对于整个作品与被传达对象的影响作用不可忽视。"空白"的主要目的不是为了去表现与之相补充的实体，而是要通过与实体相互依存、相互补充甚至相互矛盾的过程来体现整个设计作品主题的深刻内涵，使整个作品产生富有"意味"的形式感，而不是空洞的表面形式。当代的很多设计人员，包括学生，在设计中运用"空白"时，往往只是以形表形，误解了传统美学观念"空则有，有则空"的真正用意。在中国禹州钧官窑址博物馆的标志设计作品之中，除了能看到瓷器的瓶形以外，看不出作者所要表达的意思，是为了表现瓷器的轮廓美，还是为了突出"中国禹州钧官窑址博物馆"这几个字的醒目？我想答案只有作者自己知晓。

从视觉传达设计的角度来说，填满空间不是设计师所要做的，合理运用空间才是设计师应该做的。当设计师企图以大量的视觉信息来打动观者时，观者只会被海量的信息所湮没而不知所措。同样，只是为了纯粹的形式美感而去"留空"，只会让作品变得空洞，毫无内涵可言。不可否认，"鲁宾之杯"与"中国禹州钧官窑址博物馆"的标志设计作品给观者带来了视觉形式上的美感，但相比 M.C. 埃舍尔的《水与天》和莱克斯·德文斯基的《种族主义海报》来说，显得乏味多了。前者留给观者的只是一次"视觉上的盛宴"，而后者留给观者的却是一次"思想上的洗礼"，带给观者更深层次的哲理思考，令人回味无穷。

艺术的规律从来都是相通的，中国传统美学观念"空则有，有则空"与当代设计中的虚空间、空白形、负形的创造有着千丝万缕的联系。将传统美学观念合理运用于当代视觉传达设计，是中国传统文化与当代艺术设计的一次碰撞与交融，碰撞交融后产生的设计作品不仅具有中国传统文化韵味，而且更多了一份哲学思考。随着当今文化多元化、经济全球化、信息网络化的迅速发展，各种设计新观念、新思潮犹如潮水般涌入，对中国的当代设计产生强烈的冲击与影响，在这种情境下，中国的当代设计不可避免地向着"国际化"的趋势发展。正所谓"民族的就是世界的"，在中国的当代设计中运用传统文化的精髓，就是对传统文化最好的传承与发展。"空则有，有则空"的中国传统审美观念，如果能从表达当代设计作品主题内涵的视角重新审视它，那么当代视觉传达设计必将走出视觉形式上的局限，开辟一个更高的思想境界，即在设计作品中，通过经营"空白"空间，生发出作品引人深思的主题内涵。

七、"天人合一"与当代设计的自然、和谐

"天人合一"作为中国传统文化的精粹，蕴含着人与自然、人与人、人与环境和谐相处的关系，成为贯穿古代先民们造物活动的核心思想，原始陶器、商周青铜器、宋代瓷器、

明清家具，传统绘画、书法、园林、建筑、雕塑等无不体现了"天人合一"的精神内核。当代倡导的绿色设计、人文设计、生态设计理念，正是"天人合一"思想在当代设计中的诠释，在人与环境关系日益紧张的今天，传承运用"天人合一"的传统文化精神仍具有一定的现实意义。

"天人合一"是古人关于生态伦理的最高智慧，自古以来，我国古代先民们就十分重视造物活动与"天"的合一性。"天时、地利、材美、工巧"是古人造物活动的原则，其中"天时、地利、材美"表明了古人对于自然环境、自然材料、自然规律的认识，"工巧"则强调了"人"这一造物活动主体的决定性因素，"合此四者，可以为良"直接点明了人与自然的和谐参与、相互配合对造物活动产生的影响。《髹饰录·乾集》也曾提出"利器如四时，美材如五行，四时行、五行全而百物生焉，四善合、五彩备而工巧成焉"，指出达到利器、美材要注重天时地利条件的重要性。古代工艺典籍《天工开物》，这四个字本身就诠释了著作所具有的"天人合一"的思想性，只有在自然环境、物质条件与人的工巧相协调、配合的作用下，才能造出优秀的器物。

现代中国的设计由于受到以往西方以人类中心主义为代表的意识形态的影响，往往过分注重设计带来的经济效益与眼前利益，忽视了设计的宗旨与可持续发展，环境问题、社会问题接踵而至，前者表现为对生态平衡的严重破坏，后者表现为社会竞争加剧并趋于残酷无情。古人云："夫大人者，与天地合其德，与日月合其明，与四时合其序""天行健，君子以自强不息"。其中要求人与天地、日月、四时合拍，讲的就是人与自然的和谐相处。"天人合一"是一种境界，不仅要求人去适应自然，而且要达到人与自然相融合的高度。人就是自然，自然就是人，任何对自然生态环境的破坏，实际上就是在损害人类自己。随着西方环境问题的日益突出、人与自然关系的愈演愈烈，西方传统的文化思想与基本观念正悄然发生改变，其自然观、人生观、世界观慢慢转向东方的趋势，主要表现为：从"天人抗衡"转向注重天人和谐相处，注重生态平衡；从崇尚个性独立、个人与社会的抗衡转向个人与社会的协调发展；从倡导物质文明转向注重内在精神文明与物质文明的和谐发展。

在处理人与自然和谐相处的关系上，北欧人有着不可替代的天赋。比如，木质材质的自然气息、工艺的淳朴至真，等等。这些在现代工业社会似乎被看作活标本的技术，仍然在北欧各国的设计中演绎。一张沙发、一把椅子、一张桌子、一件灯具……北欧设计不仅追求它的造型美，而且注重它的自然美、与人体结构相协调的美，讲究它的材质如何质朴自然，不矫揉造作；讲求它的曲线如何与人体接触时的完美吻合，突破了传统工艺、技术僵硬的理念，融入人的主体意识，从而使设计作品变得充满艺术的感性与技术的理性，将艺术与技术的结合发挥到了极致，这一理念正是"天人合一"文化精神在北欧设计中的完美展现。

在现代中国的建筑设计中，也处处体现着"天人合一"的文化精神，如北京香山饭店的设计就流露出一种"天人合一"的自然审美境界，一个片段，一种元素，不矫揉，不造作，传递出一种自然的神韵与气质。

设计师贝聿铭先生将北京四合院与苏州园林的许多装饰元素、气质、格调与现代设计理念相融合，自然、有机地统一在当地的自然人文环境中。当然这种融合并不是简单照搬北京四合院、江南古典园林的外在形式、元素，而是一种精神文化上的提炼，一种自然而然的情感流露。

"天人合一"在当代标志设计中的运用，体现出标志设计的一种民族性与文化性，如2008年北京奥林匹克运动会会徽的设计，向全世界展示了中华民族引以为豪的深厚文化底蕴。会徽的设计中暗含着"天、地、人"的概念，外形上圆下方，意为"天圆地方"，中间的"京"字巧妙地化为人舞动的形象，人处于天地之间，体现出崇尚自然、返璞归真、遵循天人合一的造物思想。

北京香山饭店与奥林匹克运动会会徽的设计都是成功运用"天人合一"这一中国传统文化创作的例子，都体现出一种追求人与自然和谐的审美境界。随着人类自然意识的不断增强和中国设计的逐步成熟，这样的设计作品也将会越来越多。

"天人合一"思想以朴素、直观的形式体现了古人对自身与自然环境关系的认识，具有丰富的生态伦理价值，对当代建设生态文明城市、迈向生态文明社会具有重要促进作用。同时，在中国的当代设计中融入"天人合一"的文化精神，就是对传统文化的继承、发展与创新，这不仅是当代中国设计师所担任的重要任务，也是中国设计向国际化发展的要求。

八、意境美与当代产品设计

（一）产品的意境

"意境"一词被广泛应用在各种艺术和设计领域，并已成为绘画、音乐、诗歌、舞蹈和园林等艺术中不可或缺的重要元素。在某种程度上，意境的创构已经成为中国艺术中批评品位高低的品评标准。不过似乎提到产品意境的并不多。所谓的"产品意境"，就是以传统的意境理论为基础而进行的深入和推广，指代产品中精粹部分与设计师的主观情思融合一致并经过高度艺术加工而形成的艺术境界。意境美不同于平时在讨论产品时用的形式、功能等，它是产品内在气质的体现。

（二）六法与现代设计

南朝齐时画家、理论家谢赫在其著作《古画品录》中，依据人物画的创作实践归纳整理的绘画社会功能以及品评绘画的六条标准，被称为"六法"，即气韵生动、骨法用笔、应物象形、随类赋彩、经营位置、传移模写。

现代设计越来越追求意境美，如何更好地体现产品的气质已经成为产品设计的重点。每一个产品都是有生命力的个体，产品的形体、线条、比例、色彩、材质等都是它的外在体现，通过这些因素来体现出产品的文化内涵、产品特有的生命力以及产品的"意境美"。当产品上升到精神层面的时候，就更能打动人，引起人的共鸣。

需要强调的是，现代产品设计中形态、色彩等绝非设计师随意构想的，在设计的过程中，产品的意境美是这些因素的核心指导思想。简单地说，设计师想要设计一款自然、柔美、流畅的产品，那么它的线条、比例、色彩等都要以体现产品的自然、柔美、流畅为目的。产品的形式感意在体现产品的意境，无论哪方面的元素都要紧紧围绕产品意境美的指导思想展开设计，一旦脱离了所追求的意境美，产品的美感将大打折扣。

（三）"六法"与产品评价

如果一幅作品在某一方面有很大的缺陷，那么这幅作品很难被评价为一幅优秀的作品。在《古画品录》中被谢赫评为一等的画家画作，都是在每一个方面都做到臻善臻美的。比如，谢赫评卫协"古今皆略，至协始精。'六法'之中，迨为兼善。虽不该争形似，颇得壮气。凌跨群雄，旷代绝笔"。意思是说，前人画得比较粗略简朴，到了卫协所画，才趋精细工密，即使没有十分追求形似，但颇有壮气，其水准凌驾于其他画家之上，冠绝古今。谢赫将卫协评为第一品。丁光是与谢赫同时代的画家，擅长画鸟虫，谢赫将他列为六品，他以画蝉雀享誉画坛，而笔迹轻弱，缺乏生气。因为鸟虫与人物一样要有生气，所以谢赫只将他列为六品。由此对比可见意境美这一灵魂因素对于绘画作品的重要性。

现代设计对于产品评价亦是如此，纯粹的功能设计已经不能满足现代设计的需求，产品在满足人们使用需求的同时，更要给人一种意境美的享受。产品的形式与产品的神应该是统一的，好的产品通过视觉上的造型、色彩以及质感给人带来精神上的刺激，这种从"外在气质"到"内在修养"的统一，让产品的意境美表现得淋漓尽致。当一台苹果电脑摆在眼前时，马上会产生一种简洁、清爽、纯粹的意境，以及强烈的现代感和科技感，让消费者立刻想要拥有这件产品，究其原因，简单考究的线条、恰当的比例、严谨的细节、优雅的色彩与材质，体现出苹果品牌纯粹的文化内涵的同时，更表现出优雅、高端而不乏时尚感的意境美。宝马公司设计制造的轿车一直以来都是高品质轿车的代名词，抛开优秀的性能不谈，仅仅只是极具张力的车身线条、动感十足的前后比例、毫无瑕疵的车漆、配合家族式的车身部件和极致工艺的细节设计，还未启动就足以令人感到热血澎湃，这种完全不需要任何说明就能在静态下体现出的速度感、力量感，正是宝马品牌始终如一的意境美。

像苹果、宝马这样的例子不胜枚举，虽然品牌不同，产品类型不同，但是它们都有一个共同点：它们的神韵让人痴迷。这些产品体现了真正意义上的"意境"，是产品本身形象自然流露出来的一种风采、一种格调，是事物的内在特质和外貌特征相统一的产物，是一种文化符号的综合表现。产品并不需要借助于任何情节、场景之类的"中介"，而纯粹靠人类文化与时代科技的融合，靠形态、色彩、材质、光影、图文等元素的构成，依靠物质材料和生产工艺形成的实体形象，便可暗示出产品的观念、精神、气氛等以获得特有的意境魅力，令消费者感到愉悦和兴奋，只要看到它们，接触到它们的消费者就会怦然心动。"意境美"可谓是产品形式感的最高境界，它能够让消费者立刻爱上这件"艺术品"。

（四）意境美的体现

产品设计作为机器大生产下的产物，最早是以西方的美学理论为指导的。形式逻辑和几何形态是现代设计的流行趋势，而这种设计却多少忽略了人性的丰富，也造成了单调刻板设计的泛滥。而要在设计中体现"意境美"所谓的"物我与共""情景交融""虚实相生"的核心思想也绝非易事。由于产品的形式是物质的、有限的和短暂的，而意境美是精神的、无限的、永恒的，因此，只有当这种物质的感性形式生出了美的本质——精神境界，设计作品才能得以美的升华。"六法"名曰对画作的评价，实则是在提示应该从哪些角度达到"气韵生动"这一境界，现代设计想要做到"意境美"，不妨遵循六法中其他五法来实现产品意境美。

①线条与形态。六法中的"骨法用笔"，强调的是线条与形态。现代设计中线条和形态是产品的基础，通过不同形式的线条来体现产品不同的个性，圆润的、丰满的，抑或凌厉的、硬朗的，都是产品突出的个性。比如，芬兰著名的建筑大师和玻璃艺术家阿尔瓦·阿尔托所设计的"甘蓝叶"花瓶，是一件充满了无穷艺术魅力的产品。随意而有机的波浪曲线轮廓，完全打破了传统玻璃器皿的设计标准，看似简单的造型却包含了奇妙的变异，给人以纯真圣洁、清澈明净的心理享受。波浪形的曲线轮廓正是象征着芬兰星罗棋布的湖泊。一旦使用者了解至此，便会萌发出一种超脱于外部造型的民族人文情调。"甘蓝叶"花瓶看似信手拈来的玻璃几何造型，却激发起了观者的无穷想象，使人体会到一种自然生态的意境和幽深无穷的韵味。而这种意境的创造正是以设计师对产品及对自然形态的深入理解为基础的。它不但象征了简洁、实用、自然的芬兰设计风格，更是设计师对祖国真挚情感的表露和寄托。

②具象与抽象。从古今大量优秀的作品中能够看出，在写意画中所出现的事物形象，同样具有一定的象形性，从而表现出笔简形具、出于自然、不可模仿的丰富的意外之情趣的画面效果。"应物象形"要求作品在描绘对象时要经过作者的深思熟虑，在形态准确的基础上用简练的线条表现出物的"神"。现代产品设计中许多造型来源于大自然，但绝非简单的搬抄模仿，而是通过设计师的提炼，用简洁的线条表现出产品所表达的意境。

③构图与比例。"经营位置"讲究的是对画面的布局问题，即"构图"。对于现代设计来说，"构图"似乎与产品设计并没有很大关系。其实不然，一个产品，可以被看成是由许多个不同方向和大小的面组成的物体，而每一个面上的每一个屏幕与控制器、各种各样的孔等的排布与大小比例，都是设计师精心考虑和设计的，许多巧妙的细节设计都源于对产品"构图"的深思熟虑。

④色彩与材质。"随类赋彩"要求作者在绘画中按照对象不同的品类，赋予各种不同的色彩。色彩的良好运用会给产品带来良好的意境，如红色会让人联想到中国红，营造传统的热情的环境意境。同样，不同材质装饰的使用也会给产品的设计带来不同的意境美。金属给人冷峻和品质感，玻璃让人感觉通透干净。中国陶瓷是中国精深思想的继承，是中

国精深思想在艺术上的表现。中国明代木制家具,木材的简约与优雅很符合中国传统的低调、内敛的审美观念与精神气质,而富有形式感的线条语言又恰好可以与当代设计风格共融互通。不同材质的运用可以传达出不同的意境。

⑤传承与创新。在绘画中"传移模写"是指对名、佳作品的临摹,以资继承艺术传统,学习优秀技法,创造新的更能贴切表现主题的艺术风格。现代设计的发展需要经过从传承到创新的过程,每一位设计师都是从学习他人的作品一步一步成长起来的,没有大量的对已有产品的研究和分析,就很难在已有的基础上再设计再创新。

(五)总 结

尽管"谢赫六法"是描述绘画评价标准的一个体系,但是挖掘其内涵不难发现其中有很多是与现代设计有着共性的东西,尤其是"气韵生动"讲究的画作的意境与现代设计中追求的产品意境是共通的。无论是从形态还是从意境的角度,通过对"六法"的剖析可以得到许多对现代设计的启示。

第六节 中国古代方圆设计与现代产品设计

一、中国古代方圆思想观

在中国古代典籍中,有大量阐述"天圆地方"之说,如《庄子·说剑》篇有"上法圆天,以顺三光,下法方地,以顺四时";《晋书·天文志》有"天圆如张盖,地方如棋局"之说。中国现存最早的数学和天文学著作《周髀算经》中有"方属地,圆属天,天圆地方"的论述,成为"天圆地方"宇宙学说的代表。古代先哲"仰则观象于天,俯则观法于地",象天法地,感悟自然,在天地观照中逐渐形成了"天圆地方"的宇宙观念和哲学思想。

孔颖达在《周易正义·系辞上》的解疏中分析了方与圆的思想。他说:"神以知来,是来无方也;知以藏往,是往有常也。物既有常,犹方之有止;数无恒体,犹圆之不穷。故蓍之变通则无穷,神之象也;卦列爻分有定体,知之象也。知可以识前言往行,神可以逆知将来之事,故蓍以圆象神,卦以方象知也。圆者运而不穷者,谓团圆之物运转无穷已,犹阪上走丸也。蓍亦运动不已,故称圆也。言方者止而有分者,方谓处所,既有处所,则是止而有分。且物方者,著地则安。其卦既成,更不移动,亦是止而有分,故卦称方也。"

以上所述,含义丰富,剖析深刻,它对方圆的概念、特性、功能、关系,均做了界定。

所谓圆,乃是指蓍占的旋转运动。它是无穷的、无限的,因而是玄妙神奇的,其突出功能是可以预测未来,《周易正义·系辞上》中所说的"神以知来",就是这个意思。当然,这种神,并非虚无缥缈的东西,更非天上的神仙,而是离不开聪慧的人的。《周易正义·

系辞上》云:"神而明之,存乎其人""民咸用之谓之神"。如此之神,是与人血肉相关的,是人的智能的最高而集中的表现,因而它虽然具有深广远大、玄妙神秘、变幻莫测的特点,但却是可亲的,具有普适性的。所以,《周易正义·系辞上》一方面指出"阴阳不测之谓神",另一方面则指出"民咸用之谓之神",这就从玄秘性和普适性两个角度全面而完整地论析了深的内涵与外延。

所谓方,乃是指卦的安定静止。它是有常的、有限的,因而是智慧的结晶,其显著的功能是记述以往,《周易正义·系辞上》中所说的"知以藏往",就是这个意思。韩康伯《周易注·系辞上》云:"明蓍、卦之用同神知也。蓍定数于始,于卦为来;卦成象于终,于蓍为往。往来之用相成,犹神知也。"这就从两个方面说明了神和知的作用。

所谓圆者至方,也就是大圆至方,亦方亦圆。它是方圆合一、相互融通的结果,是方圆美的至高境界。

二、方圆思想与中国传统设计

"天圆地方"的审美意识随着儒家文化的浸润,深深地影响着中国传统艺术的造型和造型内涵。人们通过对方形和圆形的掌握,将方圆观不但体现在中国原始社会的彩陶纹样和器物造型中,还体现在历代的器物造型、建筑造型和纹样装饰中,并贯穿于整个中国社会的意识形态之中。

礼器中要数玉琮最能体现"天方地圆"观念。玉琮内为圆筒形,而外呈方形,是祭地的玉器。《周礼》注:"琮之言宗也,八方所宗,故外八方,象地之形。中虚圆,以应无穷,象地之德,故以祭地。"

秦代的铜钱,选择了最为简洁的里方外圆之图形,赋予了最完善的使用功能与最广博的教化功能。穿孔的钱更利于携带与计数,而方形的孔与圆形的钱又可同时更多容纳与图形有关的其他社会文化观念。"钱心方正,财神公明"这类的联语可以从更广的文化观念上寄托人们的希望,造就人们的品格。

在日常用具的设计中,我们也会发现不少基于方圆设计思想的产品。比如,中国人就餐时须臾不离的筷子,老百姓生产生活最常用的笋筐、簸箕之类用具,大抵做成一头圆一头方的形状,都是最常见的例子。可见,方圆思想已经完全融入百姓生活。

三、方圆论与现代产品设计

方是平直严正之形,由水平线和垂直线构成,适合表达人工的建造秩序感和逻辑统治力量。圆乃灵活变通之态,由曲线运动构成,其整体给人以优美、匀称、平和、柔润、不偏激、无棱角、流动飘逸的感觉。方与圆的结合,在形态对比中融合,形成一种看似简单却有深意蕴含并持久的造型。方圆造型是一种简约化的审美追求。当造型简化时,丰富的意义和多样化的形式便被组织在一个统一的结构中。这种简洁的形式感及富有对比的韵律感与现代设计的理念不谋而合。因此，在现代产品设计中，方圆论的传统思维有广泛的应用。

方与圆的简约化造型，符合现代人的审美追求。现代社会的快速发展，使人们长期处于一种高压之下，复杂的社会环境促使人们向往简单、自然、传统的生活方式，从而盛行以极简主义为代表的国际主义风格。而方与圆是典型的极简风格的造型，它充满理性，富含哲思，既有"规"的灵动又包含了"矩"的严谨。数码巨头苹果公司就十分钟情于方圆造型，这在其产品中可见一斑。而正是这种方圆结合的简约造型使其迅速抓住年轻人的心，缔造了数码产品史上的一个奇迹。苹果旗下 nano 系列移动播放器采用方圆的造型，看上去十分简单，有一种视觉上的舒适感和亲和力，同时也兼具了时尚感。

被"果粉"戏称为"向日葵"的一体式个人电脑，一改传统电脑单一的、乏味的方形形象，而采用半球形的主机与方形显示屏对比，既有差异又不至于唐突，也延续了产品亲和与时尚的特点。

专为苹果手机设计的音响设备由两个圆形的喇叭与苹果手机的方形形象合成一个富有对比而简约的形式，而新材料的使用，使得设计并没有因为古老的设计理念而使造型过时，而是更具科技感和都市感。

方与圆的造型不仅是设计形式上的需要，也是功能的要求。方形卷筒卫生纸设计巧妙之处在于将常见的圆形的卫生卷纸改为方形，使原本顺畅、灵活的卷纸变得有了些不便的阻力。

方与圆的造型蕴含着人生的哲理，使产品呈现一种古典的精美和东方的禅韵。在中国传统文化中，不仅有代表中国人人格取向的"外圆内方"（外表温和，内心坚持）之说，更有"天人之际，方圆之间"的传统中国士人的生命观。方与圆已不仅仅是单纯的几何意义，它包蕴着东方文化的哲学精神和独特的空间意识。在中国现代设计活动中，方与圆的空间语意仍被频繁使用。事实上，这种对方圆空间的偏好，是中华民族在几千年的历史文化沉淀中形成的独特的审美习惯和精神愿望。

我们知道，代表生命初始的卵是圆形的，万物依之生存的太阳是圆形的，因此圆代表了完满、协和和一切美好。唐代张志和在《空洞歌》中就说道："无自而然，自然之元。无造而化，造化之端。廓然慤然，其形团圞。"而方形在五行中属土形，这种形状，地气平和，有着平稳渐进的灵动力。佛教也认为方形具有凝聚和增强的作用。正是由于人们对方与圆的直观、感性的认识，方与圆在我国的传统造型艺术中占据着极其重要的位置。周平在《中国器物的造型设计》一文中就将中国造型史上三次变革的语言归结为：第一次是圆，语言是泥土；第二次为方，语言是金属；第三次既方又圆，语言是瓷土。彩陶罐、青铜鼎和宋梅瓶分别是三次变革的典型代表。由此看出，在长期的文化历史沉淀和实践中，人们已赋予了方与圆内在精神象征和外在审美准则：圆的完满、协和；方的宁静、沉稳。这说明方与圆在包装设计，尤其是在传统包装造型、结构形态表达上仍扮演着重要角色。特别是包装在剥离了表面的装饰之后，也唯有圆和方的空间形态会散发着传统气息，才能充满"天人合一"的自然美和宁静的东方禅味。

第七节 中国传统文化与非物质设计

非物质设计是基于信息化、商业化背景下消费形态的转变引来的设计的非物质化的概念，又叫作"非物质主义设计"，是在创意产业背景下兴起的设计潮流。所谓"非物质设计"，即高于物质设计的全面注重美感和情感因素的设计，同绿色设计、可持续设计一样都是时代发展的必然产物。其设计思想是倡导资源共享，倡导科学合理的生活方式，强调设计作品以外的因素，如经济、环境、心理等方面，消费形式从产品本身过渡到产品所带来的服务上。这一设计重点是突出设计的人性化、情感化，设计的可持续性与低耗性。一定程度上非物质设计对传统的设计环境、次序、格局带来冲击，是设计伦理上的一次变革，具有很强的进步性。非物质设计并非近几年才出现，随着信息化的兴起、发展，非物质设计一直紧随其后，甚至在古代农耕社会中已经有非物质设计意识的存在。20世纪80年代，西方设计学界就提出了基于电子信息空间的虚拟化设计、信息设计、网络界面设计等概念，这类设计涉及数字语言及程序化等非物质特征，因此提出了非物质设计概念。老子《道德经》第十一章《三十辐共一毂》："三十辐共一毂，当其无，有车之用也。埏埴以为器，当其无，有器之用也。凿户牖以为室，当其无，有室之用也。故有之以为利，无之以为用。"可见器物之外的价值不可忽视，就像现代计算机无论硬件配置多高，脱离了软件的作用计算机也就失去了它的价值。做人也如此，离开了宽广的胸怀，一摊肉身又有什么价值呢？

一、非物质设计与非物质文化的传承

非物质文化遗产是一个国际性概念，在中国即民族民间艺术，范围较广，包括地方语言、表演艺术、风俗礼仪、手工技艺等对地域自然、社会认知的实践行为。我国自"文革"后对非物质文化遗产做了抢救性保护措施，对非物质文化的传承也做了大量积极的努力。20世纪末21世纪初各省相继制定了地方性法规或政府规章；2004年8月，我国政府经全国人大常务委员会批准，正式加入了联合国教科文组织《保护非物质文化遗产公约》，成为全球为数不多加入该公约的国家之一；2009年9月，历经30年完成了《中国戏曲志》《中国戏曲音乐集成》《中国曲艺志》等十大文艺集成志书的编纂；2011年2月第十一届全国人民代表大会常务委员会第十九次会议通过了《中华人民共和国非物质文化遗产法》，其中就非物质文化遗产的继承人的认定、传承场所、传承传播活动、相关经费、产权、后继人才培养等实际问题做了法律上的支持，具有很强的实际意义。

非物质文化遗产不能仅仅停留在通过以上方法获得保护，更重要的是如何将其传承和发展。传承和发展需要人，需要新一代的年轻人，而现状是年轻人谋生手段多样，对缺少活力的传统技艺行业没有浓厚的兴趣，以至于非物质文化遗产后继乏人成了普遍性的问题。在厦门蔡氏漆线雕研究所接待的社会学员中存在很多开始感觉很新鲜、兴趣很浓，而真正长时间操作时却又耐不住性子的现象。传统工艺贵在技艺的修成，这种短时间的学习很难有起色，甚至入门都很困难的事物，不被年轻人所接受，即便有法律的强制、政策的优厚待遇也很难得到保护、传承，强制的传承也会失去文化意义。如何加强对年轻人进行中国传统文化的熏陶成为一个难题。这时非物质设计无疑是将非物质文化遗产与创意产业对接，让年轻人在商业文化氛围中得到熏陶，挖掘并利用非物质文化遗产价值的新途径。

在非物质设计中非物质文化的数字化是设计的重要环节。利用现代信息手段，将非物质文化变成易于被广大年轻人所喜欢和接受的形式，或许比单纯技艺的学习更为有效，进而才有一部分人对非物质文化产生喜爱的可能。

首先，动画就是一个很好的形式，在场景设计、人物设计、剧情构思等环节中必然需要对相关文化背景的梳理、研究。早在20世纪60年代，智慧的先辈艺术家就解决了让水墨动起来的技术难题，巧妙地将动画与水墨结合起来创作了水墨动画，先后制作了《小蝌蚪找妈妈》《牧笛》，"文革"后完成的《鹿铃》《山水情》赢得了国际好评。第一部水墨动画《小蝌蚪找妈妈》轰动了世界，其中的形象塑造、动画技巧可谓处处见功底，它把童话故事和水墨画恰到好处、不着痕迹地结合起来，体现了对"意境"的表现和对"气韵生动"的追求，在诗情画意中蕴含深刻哲理，给我们留下了美好的童年记忆。很可惜的是，由于国际动画市场的冲击、水墨动画成本高昂等原因，水墨动画发展到20世纪90年代后被搁置，一直到现在仍然没有起色。近年来我国数字动画也取得了一定成绩，《魁拔》《秦时明月》《风云决》等动画中天地、山水、武器、人物等设计处理中越来越细腻、真实，一部分电影使用3D技术，增加了观众对场景身临其境的感受。从中看出，一方面，设计中一味不惜工本地对艺术追求的要求，在当代商业环境中生存必须有所取舍；另一方面，要着力解决非物质文化的数字化问题，提高设计效率。另外，引导年轻人健康高尚的审美情趣，从乏味的快餐文化中脱离出来也十分重要。

其次，数字化博物馆的建立。通过声光电、虚拟现实等多种手段将非物质文化遗产的影像、声音、实物等高品质地数字化，更加直接、高效地让年轻人对我国的非物质文化遗产产生深刻认识。数字化博物馆的虚拟展示环境，可以依托新型的信息载体和传播模式，突出信息服务特征，带给群众方便快捷的学习体验；可以引导性地开展教育活动，充分满足观众以自我导向为基础的探索性学习要求，寓教于乐，博物馆的职能将进一步得到发挥。世界人类非物质文化遗产"妈祖信俗"向世人传达了善良博爱、崇尚正义、不畏艰险、百折不挠、扶危济困、忘我利他等崇高精神，建设虚拟妈祖源流博物馆，对于人文精神缺失的当代具有重要意义，也是妈祖信俗在当代进一步传播的手段之一。2013年1月，妈祖源流博物馆在福建莆田湄洲岛的东蔡上林自然村开馆，向海内外的妈祖信众及游客还原了1052年前湄洲岛妈祖诞生地的历史原貌。非物质设计，一方面可以改良馆体陈列设计，拉近博物馆与观众之间的距离，将馆体进行信息化、数字化建设，包括虚拟场景、虚拟实物，通过3D体验馆，让观众体验身临其境感受的同时，真实感受这位勇敢善良女性的故事;另一方面通过网络技术,改良传统网站平台,以妈祖相关场景的信息库为基础,以良好的交互界面,向不同需求的人群提供不同层次的访问信息,避开了交通工具和时间的不便。两方面一主一次,相辅相成,数字化博物馆是实体馆型的信息发布平台,实体馆提供更加真切、原始的文化信息。这样一来,馆藏文化得到进一步的传播,让"潜在观众"变为"实质观众"。

最后,数字游戏的开发与非物质文化遗产的合作。数字游戏为群众提供了更加主动、灵活的空间。在数字游戏设计中,非物质文化遗产中的很多人物、事件、器物、技艺都被设计为游戏中的一个参数、一段数据等,通过影像、声音的形象表达,让玩家在游戏中得到文化熏陶。难点在于,非物质文化在经数字转化、游戏设计、玩家接受后,是否仍保持原有的准确性,处理好这一点可使两者得到良性互动、协同发展。

二、儒释道思想与非物质设计的发展

相比传统,当代居民楼提高了利用率、方便了生活,却带来了邻里的生疏。当代信息手段的多样化发展,压缩了人们想象的空间。以上所带来的问题进一步导致人们生活次序发生变化,影响观念的转变,而观念又会转向何处呢?当代设计方便了物质需求也带来了精神上的变化,如何评估这种变化的对错?如何规划、引导这种变化呢?从实际上看,非物质设计正在解决以上问题。非物质设计更像是设计实务的一个外力,即设计伦理,它不仅规范设计的底线、谴责不良设计的罪恶,更主要的是规范人与人、人与社会、人与自然环境之间的次序关系以获得平衡和协调,并使人从中获得精神需求,对此古人也做了大量精辟的论述,并将其发展成人们为人处世的准则。将传统伦理中具有时代价值的东西尽力挖掘出来,放下传统伦理中脱离现实伦理生活的致富方式,并为健全非物质设计伦理理论建设所用,是我们对待传统文化的正确态度。

对于人与自然环境、人与人、人与社会关系的讨论,儒家、道家与佛家的学者们以带有直观或顿悟性质的思辨,提出了一系列有关敬重生命、保护自然的思想。经过时代发展,其为更多人所认同并发展成为道德标准,也发展成为治国的伦理思想。

儒家思想中,孔子将孝、义、信、忠、恕等伦理道德概念延伸到自然界,提倡仁爱万物、善待生命、网开一面,反对竭泽而渔。孟子在孔子思想的基础上提出了"仁民爱物",《孟子·尽心上》:"君子之于物也,爱之而弗仁;于民也,仁之弗亲,亲亲而仁民,仁民而爱物。""物",朱熹将其解释为禽兽草木,即自然万物;"爱"主要是指爱惜,"取之有度,用之有节"。将"物""民""爱惜""仁爱"系统地联系在一起,实现了生态环境与人际关系的统一、人与自然的和谐。《礼记》中的《中庸》说道:"唯天下至诚,为能尽其性。能尽其性,则能尽人之性。能尽人之性,则能尽物之性。能尽物之性,则可以赞天地之化育。可以赞天地之化育,则可以与天地参矣。"构建"至诚""仁爱"的人类—社会—自然关系是现代非物质设计伦理所宣扬的一个重点:将物质设计改善为充满情感、充满爱的世界环境，以仁爱之心的展现作为设计需求的最高层次之一。《荀子·天论》说："天行有常，不为尧存，不为桀亡。应之以治则吉，应之以乱则凶。……不为而成，不求而得，夫是之谓天职。如是者，虽深，其人不加虑焉；虽大，不加能焉；虽精，不加察焉，夫是之谓不与天争职。天有其时，地有其财，人有其治，夫是之谓能参。"《荀子·强国》又说："夫义者内接于人而外接于万物者也。"荀子指出，自然的运行是有其自身的规律，没有偏袒。顺应这个规律就吉利，违背它就有灾祸。所以人的能力在于顺应自然的规律，处理人世间事务，而不去考虑怎样改变自然规律，让天、地、人三者各司其职。荀子进一步将人的道德"义"分为"内""外"两个方面，将处理生态自然的行为上升到了道德层次，与人间伦理形成内外关系。正所谓"树木以时伐焉，禽兽以时杀焉。夫子曰：'断一树，杀一兽不以其时，非孝也。'"。经过历代发展与不断完善，在此基础上形成了"钓而不纲，弋不射宿""天地之大德曰生""仁者以天地万物为一体"等诸多学说。儒家关于如何处理人的需求与自然的破坏的矛盾问题有很多具体的论述，这些对治国、强国有直接的指导意义。不同于现代的是，儒家的论述不是针对鱼已经被逮得精光了、森林植被严重被破坏了的背景下提出的，它是基于对自然认知的自发性与伦理道德扩展的自觉性提出的，具有强烈的人文精神，对人们更具有自我约束力。反观现代设计，其所谓的绿色设计、环保设计是缺少根基的，是在自然环境破坏已经危及人类的背景下被动的反应。如果自然环境问题得到缓解，新能源得到大范围利用，绿色设计是否还有存在意义？是否还会有新一轮的环境破坏？这些仍是未知。对自然环境的科学理解是当代人的优势，也是当代人妄为的优势，只有对自然环境的认知上升到伦理、宗教、哲学的层面，在设计上才能形成理论根基，人类才会重新掂量手里的科学技术是否为一道"关牌"，所谓真理是否为我们科学论证的真实结果。

道家思想中关于消费模式或商业文化的"知足""寡欲""俭""轻物重生""养性"等精神价值取向，与当代非物质设计所倡导的一些人与自然和谐发展、尊重自然、环境保护等消费伦理思想有一定的共通之处，值得深入研究。

道家思想同儒家思想一样源于《易经》，在对待自然环境的态度上基本是一致的，强调"天人合一"、人与自然和谐相处。不同之处在于道家引出了"道"的概念，进而阐释宇宙万物如何依道而行。《老子》云："有物混成，先天地生。寂兮寥兮，独立而不改，周行而不殆，可以为天地母。吾不知其名，字之曰道，强为之名曰大。""道生一，一生二，二生三，三生万物。"在老子看来，"道"是宇宙本原、万物起点，宇宙是一个相互关联的大生命体，在世界形成之前存在一个混为一体之"物"，即天地万物之根——"道"，"道"是世界万物存在发展的依据。《老子》又云："人法地，地法天，天法道，道法自然。"老子进一步将"道"划分了天道和人道两个方面。

天道自然无为。对于天道的描述，《道德经》中出现的次数很少，我们姑且将其解读为"天地运行的依据"。《道德经》第二章云："万物作焉而不辞，生而不有，为而不恃，功成而不居。夫唯不居，是以不去。"《道德经》第七十三章又云："天之道，不争而善胜，不言而善应，不召而自来，坦然而善谋。天网恢恢，疏而不失。"这揭示了"天道"公义谦退的品质。《道德经》第七十七章又云："天之道，其犹张弓欤？高者抑之，下者举之；有余者损之，不足者补之。……天之道，损有余而补不足。人之道，则不然，损不足以奉有余。"公平和正义是"天道"运行的道德依据，人道相对显得不足，所以有了人道顺其自然。《道德经》第二十五章云："故道大，天大，地大，人亦大。域中有四大，而人居其一焉。人法地，地法天，天法道，道法自然。"人是由"道"所产生，就应该作为自然的一部分遵循自然法则，融入大自然运行规律之中。

  在当代社会环境中，人类早已忘记了古人所谓的自然法则，中心主义、功利主义、科技至上主义横行，设计成为了反自然的行为，人类不再冥想和沉思，内心不再宁静和澄明，开始疯狂地对物质世界盲目追求。随之产生了很多问题。环境问题只是其一，更为危害的是人不断失去了对自然的虔敬之心。人的贪欲不断合理化发展，仁爱之心日渐缺失，初尝科技给我们带来的变化却又忽视了人类认知是有极限的。以身边的汽车为例，最初汽车只有满足交通便利的需求，而后有了审美性、可操作性、舒适性、安全性等诸多需求，更多的是对地位、自我的展现。诚然这是一种科技所带来的文明进步，却也带来了诸多问题。在中国每天有数百人死于车祸，是日本的数十倍；城市汽车尾气污染成为隐形杀手；资源消耗进一步加剧；更为严重的是汽车内部营造的氛围与自然环境形成的对比拉大了人与自然的距离，人们逐渐忘记双脚踏入大地的坚实感、真切感；与徒步者相比车内外环境差异、速度与效率的差异产生了一些驾驶者的等级心态，对人与人之间的关系产生不利影响并带来一些社会问题。当代设计在满足需求的同时滋长了堕落的人性，这无不需要当代非物质设计去思考。老子《道德经》第十一章"三十辐共一毂"可被进一步理解为"创造空间，留住空间"的观念，给当代自然环境留出空间，为当代人的精神世界创造空间。老子在物质上强调"知足"与"寡欲"，厌恶工艺技巧，他认为"难得之货，令人行妨"，即难以获取的东西，它的诱惑力会使人做出违背自己本心的事。老子所谓的对"无"的追求对当代人来讲似乎过于极端、过于"寒酸"，其实不然，老子对"无"有进一步的阐述。《道德经》第三十七章"道常无为而无不为"，这里的"无不为"在当代设计中解释为"非物质设计"再恰当不过了，非物质设计跳过物质设计对人的功能（使用功能、美学功能等）满足实现人类社会伦理与物质创造的直接对话，正是设计之大为。老子对"德""仁""义"的描述也是如此，《道德经》第三十八章："上德不德，是以有德；下德不失德，是以无德。上德无为而无以为；下德为之而有以为。上仁为之而无以为；上义为之而有以为。上礼为之而莫之应，则攘臂而扔之。故失道而后德，失德而后仁，失仁而后义，失义而后礼。夫礼者，忠信之薄，而乱之首。前识者，道之华而愚之始。是以大丈夫处其厚，不居其薄；处其实，不居其华。故去彼取此。"强调了"德""仁""义"无意而为，强调自发性、自觉性，所谓无为正是以自然之道而为。

  两汉之际，佛教东传华夏，并与儒家、道家思想融合，关于人与自然环境的论述相对儒、道更为丰富、全面，伦理道德色彩也更为浓厚。关于佛家的慈悲、悟、禅等诸多概念和观念不再赘述,笔者就相关非物质设计,列举一二并论述佛学一些基本思想在当代设计中的价值供与读者分享。

①设计的修行。佛家中的"修行"讲究教、理、行、果四个方面:教是通过语言形式所表达出来的思维概念;理是语言背后所蕴含的内在精神实质;行是通过理论指导而进行实践的方法;果是在实践的过程中所获得的相应结果。无论哪种修行都有一个佛家重要的内容:"去除人生的烦恼,忽略自己的情绪,抛掉经验的观念,准确地观察真实的世界、人生。"当代国内外环境虽然没有了战乱,但出现了新的问题:科学沙文主义对人文精神的排斥;社会道德逐渐沦落;社会发展模式与价值取向使得每一个人都被绑在了时代的快车上。饥不择食、饮鸩止渴,设计也存在在时代的快车上欲罢不能的烦恼,这何尝不需要"自觉把他"德行的修行。所谓"修戒",对自己需要恪守设计法规、设计伦理,正身为范,对受众则是适度消费、勤俭节约;所谓"修定",对自己要求静心设计,不因观念、情绪的干扰影响对外界的判断,对受众要不因琳琅满目的设计之物对感官的刺激而欣喜若狂、得陇望蜀;所谓"修慧",对自己要抛开常人的有色眼镜,从局外的角度时常审视设计的合法性、正当性,对设计伦理的构建要有所看法,为人文世界的复兴与发展有所作为,为真实的世界而设计,对受众要三省吾身,检讨自己的行为,探索需求的本质,保持高尚的精神追求。

②禅与设计。禅是佛教沉寂思想和道家清静无为观念孕化而生的中国化的文化思想。禅是一种人生境界,又并非多么高深的境界,只要我们彻底放下身边的矛盾、困惑,哪怕就几秒钟的时间,那就是禅的境界。禅在生活中有很大受用,白居易访恒寂禅师诗云:"人人避暑走如狂,独有禅师不出房;非是禅房无热到,为人心静身即凉。"不敢说恒寂禅师不出汗或未感到热的存在,他通过内心的调节达到了主客体的平衡,从而减轻、消除肉身感官带来的苦恼。

设计中的禅是什么?许多设计师将设计作品冠以"禅意"来褒奖,其实作品本身是不存在禅的,它绝非如一些设计师所言通过自然的材质、简约的风格所营造的朴素、空静等之类的感觉以供受众遐想,如果如此简单,就完全没有必要在设计中引入禅的概念,禅不是设计作品叫卖的资本。设计中的禅应该是一个体验过程,一方面需要设计师博览群书日积月累,通过对设计的透析,抛掉功利,获得对人生释怀的坦然、对世间大爱的豁达,达到禅的高层次境界,化万物为己所用,即禅宗所谓"开悟";另一方面需要受众有同样的参禅意愿,共同获得设计作品之外的自由、快乐感。但禅宗又讲"如人饮水,冷暖自知",这种美好的禅的境界只能自己受用,是不可与别人分享的,两者应是"因指见月,得月亡指"的指与月的关系。根据禅的释义,在设计实务中需要设计者具有以上积累后,放下所谓构成原理、人机工程、用户研究等方面对思绪的限制,让心灵在自由与纯净的精神世界里游弋,而游弋的外在表现正是设计。

第四章 中国传统文化与当代设计融合的方法与途径

设计的民族风格是一个民族的传统文化、生活方式、审美观念在设计上的集中反映。一味追寻国际化的设计风格只会令我们越来越失去民族传统，失去设计的根本。综观国内外每一位优秀大师的设计作品，无不是以展现民族风格为目标，在自己的设计作品中深深打上民族文化的烙印。在设计中运用传统文化、民族文化不是浮于表面形式的赶时髦，而是要依托传统文化的特色、精髓与内涵。当然，本章的重点不是陈述在设计中融入传统文化的重要性，而是要进行方法论的探索。

在当代设计中展现传统文化精神的方法与途径有很多种，如大融合的设计、元素的组合与变形、对传统符号的再设计、对传统工艺与传统思维方式的借鉴等，这些都值得我们一一探究与分析，但我们认为正确认识两者之间的矛盾关系才是正确运用传统文化首要解决的问题。

第一节 传统文化与当代设计的矛盾分析

传统文化如同一条连绵不断的历史河流，从过去流到现在，从现在流向未来，中华民族几千年的风尘烟雨便蒸腾于这条河中，它倒映着炎黄子孙伟岸的身影，回荡着整个华夏民族自豪的声音，更是记载了人类独特的文化记忆。然而，我们当代人对于传统文化总怀着一股极为复杂的感情，一方面极力想摆脱传统封建文化这把禁锢当代思想自由的枷锁，另一方面又需要传统伦理文化来规范过度贪婪的当代物质社会。我们处于极为矛盾的思想状态中，迫切需要在两者之间找到和谐点。事实上，任何事物都是在矛盾的状态中不断发展前进的，历史朝代的更替如此，传统文化的发展如此，当代设计的发展更是如此。当代许多艺术家与设计师对传统文化爱恨交加，当代设计艺术既想从传统文化中突破，又时刻需要从传统文化中汲取养分。当代许多设计家与艺术家在运用传统文化时，往往忽视了传统文化与当代设计两者之间的矛盾关系，在艺术表现与设计作品中打着传统文化旗号、滥用传统文化的例子数不胜数，因此，正确认识和把握两者之间的矛盾关系对于传统文化在当代设计中的合理运用具有重要作用。

中国是一个幅员辽阔、统一的多民族国家，各个地区保留着其独特的生活习惯、民俗民风，甚至在有些相对落后的地区，还流传着一些古老的较落后的风俗观念，这给当代设计的认知性与大众化造成了一定程度的困扰，设计师的设计作品总是不能满足他们的需求。即便是在经济发达的地区，由于受到西方物质文化的冲击，消费者往往带有一点崇洋的思想，他们认为国外的东西就是洋气，甚至有种攀比的心理在作怪。长期如此，形成了一种恶性循环，消费者产生了对国产产品"条件反射"似的心理排斥。殊不知，消费者自身也有文化素质低下的一方面，致使设计师在做设计时索然无味，感到不尽如人意。因此，贴传统文化标签便成为在短时间内开拓地区市场、弥补消费者文化失落感的唯一设计手段。

现代化的浪潮不断冲击着我们社会发展的每一个角落，人们的生活环境发生了变化，生活方式、生活观念、行为习性等各方各面较之以往都提高了一个层次，人们的精神生活越来越受到关注，设计不再是为了满足物质生活而存在，设计日益与人们的精神生活紧密相连。那么，设计者应该以怎样的发展眼光来看待传统文化？文化就是生活，传统文化即是传统生活的反映。当我们在设计中论述传统文化并企图从传统文化中寻找灵感时，当我们听到某某设计者的作品体现了对传统文化的独到理解时，我们似乎得到的大都是同样的一个结果，那就是对前人的思想、前人创造的器物、传统制度观念、风俗习惯进行研究，并把这些转换成一些简单的设计符号，在自己的设计作品中贴上这些符号。我们失去了当代设计应有的时代感与新鲜活力，甚至忘记了怎么思考当下的生活。传统文化的中心是人，传统文化的发展从过去到现在都是围绕"人"这个中心不断前进的，前人的生活方式便是传统文化的全部内容。时代变了，人的生活方式也变了，我们不假思索地在当代设计中运用传统文化，不就等于引导人用传统的方式生活？在此，不得不引申出这样一个话题，即"设计引导人"与"人引导设计"的矛盾。

设计理应是引导人的生活不断向前发展的，做什么样的设计，设计是为了什么人群而做，这些也都是由人来决定的。"设计引导人"与"人引导设计"本身就是相互矛盾又相互融合的一对统一体。就像在苹果手机流行的当代，连街头擦鞋的女子也会谈论苹果公司又新出了什么样的产品，这一代产品较之前一代多了什么功能等话题。另一个有趣的现象就是，据调查发现，拥有同一款产品的人也大都拥有共同的认识，即共同语言，并且这些人在无形当中已形成了一个小圈子，这说明了我们在引导设计的同时也在通过设计引导人的发展。从物质与意识这两者的关系来看，物质决定意识，意识影响物质，当人具有一定共识即共同语言时就走到了一起，并带着一定的时代特性向前发展。传统文化无疑是人们最好的共同语言，设计师如果能意识到这点，那么一切问题就好办了。

传统文化与当代设计两者之间固然存在矛盾，传统文化当中的许多观念会在一定程度上阻碍社会意识形态的发展，但瑕不掩瑜，传统文化中存在的许多超前的、现代性的思想观念确实值得我们在批判中吸收、继承与发展。传统与当代，我们不能也没有资格去评判谁先进、谁落后。就好比中国人先发明了火药，西方人后发明了火枪，我们能说西方的火枪比中国的火药先进么？如果没有火药，又怎么会有火枪？事物都是处于不断发展的状态中，昨天对于今天是传统，今天对于明天来说也是传统。唯有站在历史的、宏观的、发展的角度去审视传统与现代，才是解决传统文化与当代设计关系的正确途径。在当代设计界，我们称能解决传统文化与当代设计关系的人为大师，贝聿铭做到了，陈汉民做到了，汉斯·瓦格纳也做到了，在他们身上，我们能找到一种关于文化素质的东西，能让我们感到一种似曾相识的感觉。著名工艺美术理论家张道一在谈到对传统文化的看法时说："张果老倒骑驴，骑在驴上向后看上下几千年，纵横数万里，形形色色，五花八门，在比较中鉴别，在现象中归纳，理出一条思路，驴儿驮着往前走，走向新的时代，不是固守于旧的迂腐不化，而是创造着新的去开拓未来。"张道一的话已为我们指明了传统文化发展创新之路，即在当代设计中比较、鉴别传统文化，兼收并蓄，吸取其精华，重新理清思路，用发展的眼光去创造新的设计、新的生活。

第二节 大融合的设计

从整体上来看，当代设计呈大融合的发展趋势。当代设计不同于狭隘的地域性意识，不是一个民族、一个地区或是某个群体的设计观念，而是各民族、各地区乃至全球文化之间的相互交流、相互影响与相互融合的设计意识观。在新的符号设计中体现当代设计意识，就要求传统图形的运用既要符合当下人的审美观念，又要适合当代传播手段的特点。传统图形在发展过程中，经历了几千年历史的洗涤，被不断注入新的形式、新的内涵，有些图形从古至今，结构上发生了变化，内涵上也发生了一些变化，因此，在当下设计中运用这些图形就要考虑在新的社会环境、设计背景下，如何更加贴近当代设计的审美原则。在当代设计中运用传统图形符号，一方面要注重图形的独特性与审美性，使传统图形符号与当代设计意识成反比关系，即在当代设计中借鉴的含量越少，设计作品就越具有现代感，借鉴得越多，就可能使当代设计作品缺乏当代活力。当然我们并不反对借鉴，从某种程度上来说，借鉴是走向设计创新的必经之路，设计创新是借鉴到一定地步的一种升华，两者是一种相辅相成的关系。另一方面，传统文化元素作为当代设计的组成部分，构成了当代设计创造性的组合方案，即"异质元素""同质文化"的组合，把传统文化和当代设计文化注入新的设计作品中是一种思维的创造过程。传统文化并非一成不变，它之所以能历久弥新，是因为它能以海纳百川之势不断融汇新的文化，其中也包括异质文化。

传统图形符号的生命力之所以能延续，是因为传统与文化的作用。因此，在当代设计创作中运用传统图形符号要透过表面形式，不拘于传统的樊篱，把握住传统图形符号背后的文化精髓，同时要敢于超越，在新的创作中注入新时代的设计观念，通过设计作品达到国际交流、沟通的目的。

任何民族的传统文化符号都是该民族传统文化的物化形式，人们通过了解传统文化符号，会产生一种似曾相识的感觉，这是文化凝聚力的作用，是能使设计作品在人们心中产生共鸣的客观条件。在传统文化中找到这一类似符号，就紧紧抓住了人们的文化消费心理，也是设计作品成功的关键。此外，运用传统文化符号要学会"求异"，在当代设计作品中运用传统文化符号不是对前人的模仿与重复。美国设计家费雷比曾说过："流行样式重复了前代人的样式，现在的一代人探寻吸取早期的样式并对它们进行分类，从而创造出表现他们独特的生活经验的新样式。"这就要求我们在运用传统文化符号时，要学会提炼符合当代设计观念的文化精髓。

第三节　恰如其分的元素结合

在设计实务中有许多具体的设计方法，其中"两个旧元素，一个新组合"的方法是以近似的联想方法求得这两个旧元素，并建立它们之间新的联系，是得到好的创意的一种在建筑、工业产品、平面设计等方面操作性都很强的方法。比如，中国银行标志就是融合旧的元素铜钱同汉字"中"字产生新的组合，北京申奥标志就是融合旧的元素太极拳动作造型与奥运会五环产生新的组合。

一、元　素

这里的元素可以是实际存在的，也可以是虚构或抽象的。首先，元素必须是两个为大众所知的一主一次的元素。一个元素不能突出设计重点，三个元素或以上，就显得设计不够集中，语义传达就会不明确，在需要多种元素的时候基本是分成若干个主次分明的设计单元，每个单元中仍是两个元素。元素的选择需要大众有起码的了解，这是元素语义传达的基础，元素不仅具有本民族的普遍性，也要具有国际的普遍性。比如，汉字、唐诗、龙、龟、鱼等有明确的寓意，而睚眦、饕餮、玄武则不能为大众所熟知，对此类元素要谨慎，设计中如果必要的话，需要做一些辅助性的引导。

其次，虚拟元素比较宽泛，广义上除了物质的元素外都属于虚拟元素。比如，影响建筑形态传统的"龙""穴""砂""水"的选址；曲线建筑属水、尖角建筑属火等建筑形态的五行所属；"东为阳、西为阴""大门居中"等具体的设计规则等，这里传统的风水观念就是一种虚拟的元素，影响着建筑的形态。又如，特定的视角下阳桃是一个五角星，这里"特定的视角"就是一种虚拟元素。为得到特定效果对传统器物做夸张处理，"夸张"就成为一种虚拟元素。

二、组 合

元素组合是将与主题相关的元素组合在一起，使元素与主题相互衬托，令作品表现力更强，寓意更加深刻。在表现中国传统文化主题时，常常将书法、水墨等传统元素组合在画面中，给作品带来文化韵味的同时也更好地烘托了主题。比如，靳埭强"自在"系列海报设计。作品的渊源是佛家"大自在"的哲学思想，体现出一种悠然自得的生活态度。

将一切设计要素元素化，使得设计至少在概念阶段思路更为清晰，剩下的工作就是做现代技术元素和社会文化元素的"加减法"了。"加减法"中强调元素要恰如其分，并非符合目标要求的元素都可以用。比如，城门和保险柜的门，同样是门，同样具有安全的内涵，城门给人的是历史的、力量的感觉，保险柜的门给人的则是精密的、隐蔽的感觉。同样是传统龙纹，也有"五爪天子、四爪诸侯、三爪大夫"的差别。

组合有多种形式。以城市规划设计为例，城市有老区与新区之分，老区承载着城市文化的历史积淀，新区带来了现代文化的新鲜血液。城市也有居住区、工作区，工作区里又有商业区、工业区，工业区里又有低污染、高污染之分。构成多层次的两两相应的元素体系的方法首先是拼贴方法。依据整体的目标规划、城市未来发展战略，在元素的量上与质上进行拼接。这样拼贴的元素间往往保留着各自清晰的边界，不利于大规模、复杂的城市设计。其次是叠置方法。采取性质相近的元素拼接和增加元素间相交面积，增加元素间的影响程度等，以达到元素边缘的模糊，多样化、分离的、相互冲突的元素被组合在一起，形成新的稳定结构。最后是"减与加"，即城市规划中的拆与建。拆建什么，拆建哪里，拆建多少，运用这种方法将复杂庞大的系统工程量化后，设计过程就会变得简单许多。

三、元素的积累

元素的积累要求设计者掌握丰富的"词汇量"以供加减之用，并掌握对"设计词语"的再设计能力。设计者学习中元素的积累是一个漫长的过程，急于追求有深度的设计，往往是班门弄斧。元素的结合运用得到的是设计的不同深度。到底设计是定位在视觉的刺激、用户认同还是观念反思的层次上，取决于设计市场的需要，而设计市场的需要是多样性的，并非每一个设计都要努力做到最深层次。恰如其分、自然流露是元素结合方法的要点，不必刻意求深、求新、求异。

以元素分解的角度分析优秀设计案例，如国际大学生"反对皮草"设计大赛中中国学生冯辰的一件题为《醒醒吧，妈妈》的作品，这幅海报包含了两个元素，一个是客观存在的皮草展柜前的场景，另一个是虚拟的千百年来在每个人心中根深蒂固的母子亲情，两个元素构成了一个悲剧的场景，这种悲剧又是那样的宁静，引起了受众深度的想象，是一件很成功的作品。

这给我们带来一些启示：第一，元素结合要唤起受众最柔软、最纯真、最善良的本性；

第二，获得受众的认同，要么是悲剧，即最美好的事物的彻底破灭，要么是大团圆，即整个场景如童话般充满诗意；第三，不疼不痒的设计很难引起受众的共鸣。

第四节　对传统符号元素的再设计

设计创作不拘泥于传统符号元素，应该站在时代最前沿，对传统符号元素不断注入新的内容，紧跟时代发展的步伐。

一、传统形象的再设计

传统图形符号蕴含着前人的创造性思维，体现了前人的创新意识。我们当代人在运用这些传统符号的同时应保留传统图形符号的神采神韵，保持传统图形的精神内涵，并赋予其鲜活的时代特征。直接从传统图形中提取形象元素不是对传统文化的正确利用，提炼传统符号元素进行符合当代设计精神的再创造才是对传统形象的最好传承。

传统色彩分为两种，一种是为宫廷御用独享的黄、红、紫、蓝、青等颜色，另一种是为普通百姓所用的大红、大绿。在当代设计创作中，直接运用大红、大绿难免显得有点俗套。当代设计艺术作品讲究高雅，因此，对传统色彩的运用要敢于放弃与突破。即便是在当代设计艺术作品中使用黄、红、紫等颜色，它们的纯度、明度与饱和度等也有很大讲究，每种颜色不同的明暗度、饱和度会给观者以不同的视觉刺激，带给观者不同的视觉联想。颜色同时具有一定的象征性，在传统色彩中，不同的颜色具有不同的象征意义，如黄色象征高贵、红色象征喜庆。随着时代的变化，这些色彩的象征意义也被赋予了新的内容，黄色不再是尊贵人士所享有的色彩，已经演变成一种可供普通大众所享有的色彩，红色也不仅仅被认为是传统、保守的色彩，甚至在某个时间段，红色一时间成为街头流行的色彩。在当代设计创作中运用传统颜色要与当代审美观相结合，除了要突出时代感，使传统色彩脱离原始的俗气与陈旧感，还要结合当代设计手法创造新的表现形式，使传统色彩焕发新的面貌，符合时代精神。

二、汉字的运用

中国的汉字作为一种文化符号，有着悠久的历史。汉字发展到如今已经不再是简单的传达信息、沟通交流的符号。随着时代的发展，汉字的审美性越来越受到设计师们的关注，成为视觉传达设计中不可缺少的审美元素。然而，我国的汉字在视觉传达设计中的运用尚未形成体系，远不及邻国日本对汉字的研究与运用。我们乐于欣赏英文所带来的视觉冲击与美感，过分地追求西方化，使得国内使用西方文字作为设计元素到了泛滥的地步，最后的结果是导致设计作品的山寨化,以致在国内注册都成难题,在此情形下,将汉字作为设计元素显得尤为重要。

当前很多汉字设计作品都偏重于对字体视觉形象的设计,忽视了汉字蕴含的文化精神,究其原因是缺少对汉字的深层次研究,需要我们从本质上挖掘汉字的文化意蕴,使以汉字为代表的传统文化在当代设计创作中大放异彩。

将汉字运用于设计作品中的方法有很多种,其中汉字的解构作为一种新的视觉语言的设计方法,是对汉字笔画外形与内涵意义的重新建构,以此达到形意结合,设计作品也就具有了生动的意蕴。比起一般的图形更加富有联想性,比起一般的文字更多了一份视觉审美性,解构后的汉字同时具有了象征性意味。

(一)同形重构

同形重构指的是将相似或相近的某些笔画结合共用,达到整体性,体现设计作品形简意繁的效果。在设计中需注意的是,切勿生硬地组合,要注意形体的自然融合。比如,吉林省图书馆的馆徽设计,以繁体汉字"圖"为整体造型,"吉"字巧妙地蕴含其中,以体现吉林省图书馆的地域特色和行业特征。厚重、对称、严谨的构图,象征"可图"丰富的图书资源、雄厚的专业技术力量与科学规范的内部管理。位居中间的"吉"字彰显吉林省图书馆建设、交流的中心地位。图案外围的"口"字,象征图书馆是物质文明与精神文明建设的窗口。整个图形整体性强,富含深刻的寓意。

(二)字图结合

字图结合是将汉字与图形相结合的一种设计方法,使两者达到形与意的完美融合,以体现设计作品的主题。比如,吉林省食品安全委员会的徽标设计以汉字"吉"为创意基础,同时有机地融合了烽火台、盾牌、碗、笑脸等视觉元素,准确地反映出吉林省食品安全委员会的丰富内涵。标识主题恰似一面盾牌,"吉"字上半部分仿佛高耸的长城烽火台,体现出防范、保障和安全的含义,彰显食品安全工作的重要性。"吉"字下半部分将口字与饭碗图形巧妙结合,代表与百姓生活息息相关的各种食品。

(三)异形重构

异形重构指的是将两个具有相似之处的汉字进行置换、重叠,并做相应的加减法,以表现作品新的含义。在设计创作中需注意的是,要准确找到两个汉字之间的平衡点,充分处理好字形间的穿插与重叠,达到自然的整合。比如《去毒得寿》的海报设计,将"毒"字与"寿"字巧妙重叠,以表现"去毒得寿"的主题。"毒"字慢慢烧毁,留下与寿字结构相似的部分,视觉上给人以想象的空间,更加吸引受众的注意力,达到了形与意的完美融合。

(四)打散重构

打散重构是指将汉字的形与结构拆分,拆分后的汉字以特定组合方式重新组合或拼接。打散后的字体虽然显得很凌乱,没有完整性,但给人一种新的视觉效果,引起人们的好奇与联想,吸引人的注意力。比如,《奥运海报——楷体篇》设计,将楷体字的笔画结构打乱,与人的运动姿势相结合,体现出奥运的主题,给人耳目一新的感觉。

(五)中西结合

中西结合是将汉字与西文字母相结合。虽然两者在字形结构、字意内涵上存在很大差异,但设计师巧妙地抓住了两者的契合点,将汉字与西文字母进行同构设计,使作品产生了强烈的戏剧性效果。比如,中英快译翻译笔广告设计,将书法的"馬"字与英文字母"horse"结合,"恨"字与英文字母"hate"结合,汉字与英文字母的结合恰到好处,别有一番趣味。

(六)字与"体"的融合

"体"主要指的是三维空间中的实体,字与"体"的融合主要体现在家具设计中。当代的家具设计既要饱含民族意蕴又要符合当代人的审美趣味,同时还需具有文化气质,将汉字与家具融合符合当代家具设计的人文理念。中国古代家具设计走着与西方截然不同的道路,当代中国的家具设计也应该形成一种独特的设计体系。一套完整的家具设计反映的不仅是人们的生活需求、审美需求与文化需求,更多地体现了一个国家、民族的设计特色与文化传统,以汉字为代表的传统文化与当代家具设计的融合,能形成具有文化感、时代感与民族感并存的当代风格家具。汉字与家具设计融合的方法主要有两种:具象融合与抽象融合。

具象融合指的是将汉字以整体或者拆散笔画的方式与家具相融合。从家具设计作品的某个角度看,能完整地显示出汉字的整体轮廓。从整体上看,汉字在家具上的体现较具象,识别性强。这样的家具设计作品也不乏文化气质,不失为"中式"风格家具。

抽象融合指的是将传统书法的神韵、线条感、稳定感与比例感与家具完美地融合,是一种神、气、意的融合。融合后的家具流露出类似书法的一气呵成的、自然而然的美。我国古代明式家具就是书法与家具高度融合的典型例证。现代家具设计,如汉斯瓦格纳设计的"乂骨椅"也体现了这一特点。

(七)字与印章的结合

印章是中国特有的一种传统文化艺术,具有权威、诚信、职责之意。以印章为代表的传统文化符号应用多体现在现代标志设计中,更能体现出标志设计的中国文化底蕴。需注意的是,将汉字与印章运用于标志设计中要避免结合形式过于简单、呆板,否则会令作品死气沉沉,显得平庸、单调。在结合过程中应注意汉字的灵活运用,在表达作品主题的基础上将汉字适当变形后再与印章结合应用，会令作品更具艺术表现力。南宋御街标志设计将"南宋"二字的篆体变形，通过规则有序的线条，诠释了具有深厚历史文化底蕴和浓郁生活气息的"御街"空间格局。该标志采用汉字与古印玉玺相结合的表现形式，颇具历史沧桑感，体现出古街独特悠久的历史。

第五节　对传统工艺、艺术手法的借鉴

随着当代设计的发展，我们日渐感受到传统工艺所带来的温馨感、亲切感、活力感。中国传统工艺蕴含着中华民族的文化精神和审美意识，富有"和、喻、灵、雅、巧"的美学特征，即便到了后工业时代虚拟设计、信息设计的兴起，仍未看到它们能取代传统工艺审美的迹象。传统工艺在当代社会中不衰的活力源自工艺形式相对机器更加接近自然，工艺作品中满是人文的痕迹，是地域文化延续的一种重要载体。

将完整的传统工艺置放于当代设计环境必然缺少生存的基本条件，无法与丰富多样、错综复杂的当代设计相融合，因此，对其进行解构性运用不失为一个很好的方法。所谓解构，就是把完整统一的传统工艺分解成若干部分，设计借鉴的对象不再是整个工艺，而是其中的某一项工艺程序或者物化局部等。传统工艺主要分为如下几个部分。

①工艺形式。工艺形式包括与手工密切相关的雕、磨、染、织、粘等方面及其技术要求。在设计中保留工艺形式寻找新的创作题材或将其中的某项步骤加以运用。比如，国家级非物质文化遗产四川泸州手工油纸伞，在制作工艺中有一项"石印"的工序，让油纸伞有了丰富多彩的图案变化。在平面设计中，这不失为一个很好的表现手段。

②成品。成品是工艺实施的结果，将成品细分得到的各个局部也可以为当代设计所借鉴。这样的实例很多，也较容易操作，如满族服饰中的"马蹄袖"、侗族建筑中的鼓楼、藏族唐卡的人物和色彩特征等，在设计实务中都可将其作为一种设计符号加以运用。

③成品的使用。成品的使用是传统工艺的目的。在当代设计中我们为达到这种"用"的目的，完全可以避开传统工艺的低效，保留传统工艺品传达的精神和心理信息，采用现代的制造工艺。比如，藤编、草编或竹编制品在生产中采取批量化机械生产，甚至材质也可以是塑料或其他，这样既解决了虫蛀发霉和滋生霉菌等实际问题，也保留了传统工艺品的实用性。

第六节　对传统思维方式的借鉴

　　思维方式是一个民族或地区在长期的历史发展过程中形成的思维定式，是人们思考问题、处理问题以及解决问题所采用的思维方法。每个民族都有自己独特的思维方式，不同的思维方式指导下的设计活动的目标、过程与结果截然不同。中国传统思维方式是一种整体性、"象"性、内敛性与包容性的思维方式，它有别于西方个体性、逻辑性、抽象性与开放性的特点。思维方式的差异促使各民族、各地区的科学文化活动朝着不同方向发展。在中国传统思维方式指导下的设计是用一种整体、直观、形象的符号去表现客观世界的活动。

　　中国传统的整体性思维方式是一种重整体、重体悟、以经验为基础的直观思维。中国古代先民们在造物活动过程中十分注重相互合作、分工协作，同时还注重人与自然之间的和谐统一。庄子的"天地与我并生，而万物与我为一"，即"天人合一"思想就是这一思维方式的集中概括，也是贯穿中国古代造物活动的核心思想。在中国传统"天人合一"思想指导下的设计活动是一种尊重自然、尊重人的可持续设计活动。例如，中国古代园林设计以自然山水为主题思想，以花草、水石、建筑为物质手段，创造出具有高度自然精神境界的园林环境。此外，传统整体性思维还表现在古代先民所造之物讲究形、神、意的统一。整体性思维促使中国传统科学的横向联系，促进了自然科学等与社会科学之间的紧密渗透。比如，古代医学是自然科学（天文、地理、气象、历法）和社会科学（伦理学、社会学、政治学、兵法）相互兼容的结果。

　　中国传统"象"性思维方式是一种直觉思维方式，它的思维过程是"观物—取象—比类"。"取象"是对自然界中的物体进行仔细观察、分析与总结，进而转化成物象的过程，它既不是对客观事物的简单描画，也不是脱离客观事物的抽象符号，而是对客观事物特性的高度把握，将各种事物形象的象征属性进行归纳，即"以象归类"的过程。在这种思维方式指导下，古人注重事物发展各阶段中的相互联系，根据已知事物来推测未知事物，对事物特性进行分析、总结与提炼。

　　传统思维方式对传统社会发展的影响也不全是积极的，其中也有消极的一面。比如，传统思维方式过于强调整体性，缺乏必要的分析和论证，致使我们没能经过近代的实验科学而直接进入现代科学；中国古代的天文学只是十分丰富，但是，这些知识并非探讨天文规律与本质的逻辑体系；传统建筑形式采用几千年不变的四合院或围墙的形式，过于中规中矩，缺乏形式上的突破与创新。当然，瑕不掩瑜，传统思维方式的积极方面对于当代设计仍然具有一定的借鉴意义。

第七节　对传统美学思想的借鉴

　　从当代设计的角度借鉴传统审美观念，要把握住中国传统美学发展的特点。在中国历史上，许多文人担任哲学家角色的同时也担任着美学家的角色，从孔孟老庄到汉魏的王充再到清代的王夫之，他们的著作中蕴含着大量的美学思想，体现出他们对待事物的审美观念。历史上许多著名的诗人、画家、书法家留下的许多宝贵的诗文理论、画作、书法理论中也包含着丰富的美学思想。传统艺术在发展过程中，往往相互影响，如在诗词、书画中可以找到古典园林、建筑艺术所追求的诗情画意的美、浑然天成的美。传统工艺产品受传统美学观念的影响，严格按照美学规律、原则等制作。此外，古人强调"技进乎道"，从技艺中追寻美的规律"道"，技艺的神化，进乎道，亦出乎道。传统美学中关于道与器、审美主体与客体的辩证关系都应该为当代设计师所把握。

　　西方文化一直讲究主体与客体对立的、一分为二的关系，在审美观念中突出以个体为美，追求个性化、创新性、生动性。西方美学所欣赏的是局部的美、残缺的美、个体的美，而中国传统美学则截然不同。中国传统美学是把整体性意识放在首要位置，讲求审美主体与审美客体相互统一、合二为一的关系。比如，古人追求的"天人合一""中和为美""情景合一""知行合一"等都是整体性意识的表现。传统美学中的儒家美学讲究"以善为美"，追求真、善、美的统一，把美与善、伦理、道德联系在一起，探讨审美与政治、社会制度和人性道德的关系。孔子说："君子而不仁者有矣夫，未有小人而仁者也。""仁"是一种天赋的道德属性，儒家美学在这里强调的是审美中的道德问题，所以孔子强调艺术要包含道德内容，以德为美。

　　充分了解传统美学的发展与特点，能够带给我们丰富的美学思想。传统美学思想在传统器物中形而下的表现，给我们提供了新的灵感、启发。从美学思想角度出发去审视当代的设计，对当代设计理论的发展与实践都是大有裨益的。

第八节　对传统文化精神的解读与把握

　　提到美国设计我们会联想到开放、宏大，提到德国设计我们会想到精密、稳重，提到北欧设计我们会联想到自然、简洁，提到日本设计我们会联想到精致、舒适，而提到中国设计就很难有一个明确的特征吸引人。虽然设计不强调国家或地区要有一个明确的风格或特征，但至少要有一个明确的精神内涵主导设计的发展。设计实务以这种或者这几种精神内涵为导向，稳扎稳打、步步为营才会有设计积淀、设计氛围。谁都想要自立门户，谁都想"创新",但不是每一个设计者都具有对设计、对创意的深入论证的耐心。设计远远不是一个创意、一个点子就能解决的问题,正如《易经》中阴与阳的关系,有"天行健,君子以自强不息",必然有"地势坤,君子以厚德载物";有"终日乾乾",必然有"夕惕若厉"。《易经》的智慧始终是一阴一阳,永不分离。有成就必然要修德行,有创新必然要做系统完善的工作。

数千年以来我们所追求的崇高的理想人格多源自《易经》,如"刚健有为""自强不息"等。这种文化精神物化后,在建筑、器物表现出来的刚柔并济、阴阳相合、自然和谐、天人合一等特征经论证后,就可以作为设计的主导。在具体设计中,如刚柔并济,通过不同材质的搭配处理就会有不同的效果,是轻浮还是轻盈,是露骨还是硬朗。显然刚柔并济的观念就可发展为设计的标准之一。

对传统文化精神的把握需要对设计实务有规律性的认识。《易经》还揭示了万事万物的发展规律,即万变不离其宗。"元亨利贞"象征一个事物的初始、成长、收获、收藏。孔子在人事上解读"元亨利贞"分别代表仁、礼、义、智。无论当代设计怎样日新月异,设计的本源、手法的运用、设计的目的和设计的问题,这种发展的规律是不变的。设计中的"元亨利贞"是框架,文化精神是骨架,这样才构成了设计的基础。

下面,具体结合"天人合一"的思想来阐释。

首先,应知其然,知其所以然。"天人合一"是一个庞大而多变的哲学命题,其思想最早源自原始宗教的"自然崇拜"。《易经》虽然没有明确出现"天人合一"的概念,但已经蕴含着自然界与人类社会融为一体的观念。卦辞、爻辞中有许多表述不仅通过自然的比喻来讲诉人事道理,而且将两者合在一起来判断吉凶,所以这样就把自然现象和人事联系了起来,并同等对待。天、地、人是《周易》中最重要的三个概念,《周易》的哲学思想是通过天、地、人三个概念组成的命题表达出来的。《系辞传》在解释六画卦的意义时说:"《易》之为书也,广大悉备;有天道焉,有人道焉,有地道焉。兼三才而两之,故六。六者,非它也,三才之道也。"《周易》中并没有如一些人讲的"将人放在中心地位,说明人的地位之重要"的观点,天、地、人三才合一即"天人合一",本意上没有讲人的地位重要,人的地位再重要也不会有天地重要。《周易》将三才系统地对待,但并未强调哪一点是重要的。

《易传》将《易经》中固有的"天人合一"的内蕴形象地解读和发挥了出来,其中包含着一系列朴素而又精辟的思想。比如,《易传》中的《文言》针对乾卦爻辞中的"大人"一词表述道:"夫大人者与天地合其德,与日月合其明,与四时合其序,与鬼神合其吉凶,先天而天弗违,后天而奉天时。"这体现出了先儒"天人合一"的思维模式。经孔子、老子、孟子等人言传,一般认为是"天"赋予人的仁义礼智本性,"天"可以赋予人吉凶祸福,"天"可以与人发生感应关系,"天"是人们敬畏的对象,"天"是主宰人、国家命运的存在。可见"天"有自然之天、命运之天、道德之天等多重含义。《周礼》和《礼记》等书对具体的祭祀、造物活动依据"天人合一"的思想进行了严格的规范,并以朝廷的暴力机构强制执行，对擅自变革者重罚。所以研究中国造物，"天人合一"的研究是必经之路。

到西汉，董仲舒明确提出"天人之际，合而为一"，赋予了天更多的能力，并以五行学说、气化学说完善了天人合一理论体系，还引申出"天人感应"的神学观点，即君主施政态度会影响天气变化。实为迎合帝王好鬼神的需求，将"天人合一"极端化，并陷入了君权神授的泥潭。与此相同的还有朱熹更为极端的"存天理，灭人欲"，将"天"归结为封建等级次序。此类思想将"天人合一"中的"人"有意识地限定在了特定的人群，只有特定的人以一定的手段才能实现与天相通、与天相感应。"天人合一"成为一种神学政治手段，逐渐脱离了人与自然环境的生态哲学关系的初衷。

其次，结合当代实际对传统文化精神的价值进行论证。"天人合一"是传统造物的重要依据。"天人合一"能否成为当代中国文化精神的代表之一，对于当代设计是否还有它的理论价值，一方面是本书第二章讲的"天人合一"的自然和谐的生态伦理价值，另一方面是"天人合一"神学统治的特征，启示当代设计人与自然不仅是物质层面上的互通，也是精神上的感应。当代设计不仅要强调与自然的和谐，自然也是关照当代人内心的一面镜子，教化人向善的楷模，审判人内心的法官。比如，墨子的"天志信仰"，祖先有"绝天地通"的神话传说，墨家的"天志""明鬼""非命"发展了此类传说，认为"天人两分"，不同于儒家所谓的"天人合一"的宿命论。《墨子》云："人无幼长贵贱，皆天之臣也""天之爱天下之百姓""既以天为法，动作有为必度于天，天之所欲则为之，天所不欲则止"。这种"天志"信仰虽然在古代不是正统思想，但已经深入民间。俗语讲"苍天在上""上有天理""天理不容""人在做天在看"等，在当代设计中通过重塑对"天"的信仰遏制物欲带来的精神上的缺失。

最后，在设计中对文化精神的把握。综上所述，在设计实务中需要注重对人的定位。做设计不仅是在做服务，也在做教育。日本民艺学家柳宗悦先生曾说，粗糙的物品容易养成我们粗暴对待物品的态度。器物为人所造，也影响着人的情绪、态度、观念。这方面做起来不难，没有多少深奥的道理，主要还是设计师自身应具有强烈的社会责任感。例如，在我国分类垃圾桶的设计是否能够提高民众的环保意识，饮料瓶上的环保标示能否获得民众注意，烟盒上的"吸烟有害健康"能否提高烟民的健康意识，设计传达的信息是否有益于目标用户的心理健康。又如，在对传统文化符号的运用时，注意符号的精神导向作用，唤起民众对传统文化精神的认知与行动等一些细节上的留意与把握。

再读"以人为本"。"以人为本"最早见于《管子·霸言》，"夫霸王之所始也，以人为本。本理则国固，本乱则国危。故上明则下敬，政平则人安，士教和则兵胜敌，使能则百事理，亲仁则上不危，任贤则诸侯服"。"人"即"民"，传达的是安民、顺民、利民、惠民、富民的民贵君轻的政策思想。到了20世纪末21世纪初，"以人为本"在社会多个领域被提及，尤其是到了2003年，"以人为本"成为科学发展观的核心，并发展了它原本的思想为当代所用。这里的"人"不再简单地解读为"民"，它是相对于权利的不平等、物质经济盲目增长、少数人利益的一个概念，发展了传统"以人为本"的观念。从这里开始的

"以人为本"的含义来讲，在当代设计中具有了一定的价值。与此同时，设计领域涌现大量关于"以人为本"的论调，主要针对的有两点，一是当代设计中非人性化的问题，二是资源环境的问题。笔者认为这有硬搬古语之嫌，对此两点问题用"设计的民主"和"以自然为本"可以更为直接、更具批判性、更能一针见血地揭示当代设计中的问题，从而更好地提出建设性意见。

首先，在当代社会机制下，受众对于设计往往只有使用权，没有选择权，或者选择权为第三方所有，造成一些设计不思改进和民众越走越远的现象。对于这种设计，我们自然可以用"以人为本"的思想来评判，但"以人为本"的"人"指的是设计者、用户、上面讲的第三方，还是三者的有机结合？在传统的观念中只有"民"的概念，阐述"君"对"民"的政策，并没有将"民"内部的矛盾作为重点予以阐述。若在设计中硬是要用这种说法，似乎不够妥当。而"以人为本"又像是半句话，以何为末呢？从政治的角度来讲答案很明确，就是以更好地统治或执政为末。设计是以人为末、以美为末还是以满足需求为末甚至是以设计主管的意见为末？此类问题有待商榷。"设计以人为本"逐渐变成一句时髦的商业广告语，沦为滑稽之谈。"设计的民主精神"则要严肃很多，直截了当强调以上讲的各方权力的制衡，并从国家、市场、设计组织多方面进行了论证，提出了切实可行的方案。

其次，资源环境的问题。到底以自然为本还是以人为本，在环境保护上一直存在争论，最后落脚于用人类所掌握的科学来对待自然。但科学并非真理，人类对自然的认识只是它的冰山一角，越去研究，发现未知的事物越多，且我们研究自然多是研究它有多大的忍耐力，研究容忍人胡作非为而不愤怒的临界值，以在不激怒自然的情况下攫取更多的利益，此类科学研究态度不仁义，需慎行。所以了解自然，科学研究固然必不可少，对自然的直接效仿更为稳妥。

通过对"设计以人为本""民主"和"自然"两方面的重新阐释，得到一个对设计更为清晰的观念，也带来了一个问题，即民主和自然的关系。进一步讲自然界是否存在民主，人对民主的需求是不是人类自然发展的需要。首先，同一物种间存在等级的划分，狼群有首领，蜂巢有蜂后，但是它们的产生不是族群民主选举的结果，靠的是凶猛的暴力手段和优越的先天条件。不同物种间存在着"食"与"被食"的关系，这是否意味着自然界的"不民主"？"子非鱼，焉知鱼之乐"，把人类的特征强加给其他生命固然不妥，但动物界中有它的存在道理。通过现代科学研究我们知道，大到陆地海洋，小到浮游生物，自然界存在着严格的自然法则，形成了庞大的、系统的、不断发展中的食物链系统。这套系统的自然性、合理性、持久性是其他事务所不可替代的，它也是万物共同参与演绎的结果，对每一个物种来说都是最合适的。其次，在人类的社会中迎来了一个高度呼喊民主的时代，但无论哪个政权、哪个国家，由于既得利益者或权力把握者等垄断阶层的客观存在，都没能将民主有效落实。已有的所谓民主在部分人刻意建立的某种民主机制下存在，在过多的人为因素与少数人的主观意念操控下很难做到合理。人类民主的实现和"自然民主"一样需要共同演绎。不刻意为之，在自然的状态下实现真正的民主。民主本自然，民主具有自然的属性，至少民主应当是人类社会生活中十分自然的现象，它作为一个人类发展的需求，是继承于猿类祖先那里的自然的直觉本能，并被长期的自然选择所锻造，一步一步地优化着人类社会的发展。

所以，笔者认为民主蕴含于自然之内，进而对设计的论述是"以自然为本"优于"以人为本"。在传统文化精神中也并非只要是好的就都能够用于设计中，同样能够放在设计中用的并非仅通过设计作品为受众所感知，更多的还是设计机构，尤其是设计者本身的克己役物、躬亲力行的修行。只有经历这些品行与基本功的修行，才会有以神统形、以意融形、形神结合、神超形越的游刃有余。

最后，文化精神的引入使得现代设计不再仅停留于传统文化符号的模仿上，而是有了更深层次的贯穿。

第九节　中国传统文化与当代设计的误区

一、当代设计对传统文化的排斥

文化对个人与社会的影响是潜移默化的。当代设计教育中缺少对传统文化的学习研究。在西方设计理论体系与具体教学方法完善的背景下，当代设计者与传统文化渐行渐远，认为当代设计环境是一个全新的世界，不必考虑也没心思考虑中国传统文化的相关内容，以现代设计思维与设计手法进行操作。设计是人类精神追求在造物中的体现，当设计教育离开精神文化土壤时，设计也就成了无本之木、空中楼阁，其创造力也就愈显乏味和颓然。

传统文化与现代生活的隔阂是客观存在的。我们曾一度谩骂传统文化，当已经意识到其在设计中的作用时却又觉得无从下手。"民族味"和"现代感"似乎是设计作品的两个很难调和的极端，我们已经习惯了近代科技引来的新的价值观念、新的审美习惯和新的生活方式。所以，当代设计对传统文化的排斥根源还是缺少对传统文化由衷的热爱。

二、当代设计对传统文化的滥用

当代设计对传统文化已经有了很高的重视度，实际设计中对其运用却停留在对作品的点缀和装饰上，引起受众的新鲜感，无法领略到传统文化的内在价值。当新鲜感不再新鲜的时候，文化符号的滥用问题就显现出来了。

（一）精神和内涵的缺失

第一，任何一件设计作品都处在不同的环境当中，这种环境特征向设计提出了不同的功能要求和个性限制，决定了该作品独特的个性。在建筑设计中一味强调地域建筑特征，将徽派马头墙硬是安装在其他建筑之上似乎就"徽"味犹存,外观形态醒目满足了人们的猎奇心理,但周边环境所提出的精神要求却荡然无存。珠海巨人集团旗下的一个保健品"脑白金",不可否认它的广告通过直接的、硬行的、口号式的、以"礼品"为概念的营销方式实现了其经济利益。单从传统角度我们似乎也看到了"礼""孝"的影子,但经过老年玩偶的演绎,着实让人无奈。中国人讲"千里送鹅毛,礼轻情意重",收礼收的是爱心,却又有收与不收的区别对待,是在讽刺两位老人没修养还是挑战受众的视听极限?广告强调"礼"和"孝"的观念似乎又和产品本身的功能没有多大关系,将"脑白金"换成"黄金酒""黄金搭档"或"金六福"一样可行。强调设计作品中的传统精神内涵,没必要采用大量具象的、不加筛选的传统符号。设计中传统符号的运用要和设计的环境内容相统一,结合现代大众需求,避免作品成为大众笑谈。

第二,文化的地域性很强。比如,"妈祖信俗"在福建、台湾等沿海地区能很好地反映出该地区的历史文化、民族风情或神话传说等民俗特征。当脱离了该地区到了内陆省份的时候,"妈祖信俗"只能单纯地满足视觉功能,符号背后的发自内心的认同感却不得而知。任何地方都有其独有的文化内涵,硬是将类似"妈祖"的符号在其他地域运用,却无法同时移植其文化内涵,往往弄得不伦不类,仅是向异地提供一种单纯的视觉感受,没有任何民众基础和文化认同感。应尽量采取本土文化符号,即使仿也要仿一些本地区普遍认同的符号。各个地方的民居都是针对当地民俗和环境设计流传下来的,具有地域适应性和文化性。当前在新农村建设中,湖北和河南等地也仿建了徽州民居,但做得有点不伦不类,仅是一种单纯的视觉感受,没有任何实际的意义。

当代设计应站在历史的高度,审视整个人类文化创造的历史进程,体会古人对自然、对社会和对人类的理解,看到传统造物后的文化因素。这种文化因素折射出的古人智慧高于具体的形式。

(二)对传统文化符号的误用

在设计中由于对传统文化知识的认识不足和当代社会环境的急功近利、浮躁跟风等不良风气的影响,许多传统文化符号在设计中被曲解和误用。尤其是在媒体和影视领域,在仓促的作品制作中忽视传统民俗文化的真实性,冲淡了传统文化的真实内涵,误导了受众,增加了人们认识传统文化的难度,对中华文化的传承和发展产生了十分不利的影响。影视场景设计、服装道具台词设计中不注重历史的真实性。例如,电视连续剧《甘十九妹》中的一段:"伊剑平:'不知天上宫阙,今夕是何年……'甘十九妹:'月有阴晴圆缺,人有悲欢离合,唐人李白这首诗,真是千古绝唱……'"苏东坡九泉之下不知是喜是忧。又如,《神探狄仁杰》中所有士兵用的刀都不符合史实,士兵全部用的都是清末才有的牛尾刀,《唐六典·卷十六·卫尉宗正寺》云:"刀之制有四:一曰仪刀,二曰障刀,三曰横刀,四曰陌刀。"横刀才是当时士兵的常配。再如,《大明宫词》中当太平公主出嫁时,武府的大门上贴了一个巨大的红双喜,虽然"囍"符号具有强烈的中华民俗代表性,但红双喜源于宋代,王安石面对自己双喜临门而作"囍"字,让人贴在门上,而后流传开来,而《大明宫词》背景选自盛唐时期。南京举办的世界历史文化名城博览会曾多次在玄武湖城墙上和中华门城墙上挂满了"千纸鹤",虽然纸是中国发明的,剪纸也是中国传统艺术,但折纸艺术却是在日本兴起的,并在日本广为流传。"千纸鹤"在日本传统中是有祈祷得病的人早日病愈,祈祷某件事情成功的寓意,这不禁让人隐隐作痛。在影视和网游的冲击下,很少有人再去关注枯燥的原著。令人欣慰的是,当代人能够细心发现这些穿帮镜头,一定程度上也还了中国历史一个公道。

诚然传统文化是不断发展革新的,随着时间的流逝和社会的发展,一些不符合时代发展的观念与习俗会被抛弃,一些有益于人类发展的会得到弘扬并衍生出新的内容,这是人类社会发展的客观规律。但这并不意味着可以对传统文化随意曲解和滥用,传统文化的本意不能被扭曲,对文化符号的出处与寓意也要清楚。在日新月异的当代社会,保持传统文化的独立性和民族特色,加强精神文化建设,实现文化强国目标,是设计者应怀有的使命,应注重对传统文化的辨伪存真,守住并发展真正的传统文化。

第五章　传统文化元素对当代设计的启示研究

中国传统文化是中华文明经过演化汇集而成的一种反映民族特质和风貌的民族文化，是民族历史上各种思想文化、观念形态的总体表征，是居住在中国地域内的中华民族及其祖先所创造的、为中华民族世世代代所继承发展的、具有鲜明民族特色的、历史悠久、内涵博大精深、传统优良的文化。在漫长的历史长河中，我们的祖先为我们留下了丰富的传统文化，如诸子百家学说、琴棋书画、传统文学、传统节日、中国戏剧、中国建筑、汉字汉语、传统中医、宗教哲学、民间工艺、中华武术、衣冠服饰及地域文化等。所有这些都是当代设计师设计创作的创意源与素材库，如何将传统文化的精髓运用到当代设计中，是每一位当代设计师需要思考的问题。本章结合传统文化中的典型元素，探讨传统文化对当代设计的启示。

第一节　竹文化对当代设计的启示研究

狭义的竹文化，早在五千年前，甚至更早前就已产生，当时它仅限于以竹作为人类生活的用具而产生的适用性文化。比如，钓竿钓鱼可使人产生闲情逸趣，竹乐器奏乐可使人心旷神怡，这是一种表象的竹文化。而广义的竹文化则是历史沉淀的精华。它除了具有上述功能外，还具有典型的神化性、崇尚性和神秘性质。

一、竹的自然属性

自然属性是竹的基本属性。竹为禾科竹亚科植物，主要分布在热带和亚热带地区。我国是世界上竹类植物资源最丰富的国家。作为材料来说，竹因其分布广、生长快、用途多、生态和经济价值高等特点，被誉为"绿色的金矿"。竹子最开始被人类所发现和使用的价值就体现在生产生活的劳动工具上。竹子生长速度快、周期短，从破土到长到十多米高只要60天。竹密度与竹龄有重要关系，竹子由于没有形成像树木一样的年轮层，从幼龄竹到老龄竹的生长过程中，没有明显的体积增长。无论是生长着的翠绿的竹子，还是已砍伐的干黄的竹子，都有很强的韧性，从而具有了耐磨的特性。

二、竹的文化属性

竹的文化属性并非生来就有，而是人类在利用竹材的自然属性适应和改造社会的同时，不断将"人的本质力量对象化"于竹的自然属性之上，使竹"染上"了人的文化气息，烙上了文化的社会属性。正是文化的深刻寓意才使竹的内涵精神得到升华。竹的奇特本性，也赋予了人们精神文化上的更高追求和想象，使得传统文化得到充实。竹的文化属性广泛表现在宗教、民俗礼乐、文学、绘画书法的人文象征的方方面面。

（一）竹与礼乐

竹作为生产生活工具参与并加速了人类对社会的改造，与此同时，它也逐渐被人类活动所影响。因竹不受季节影响，即使在万物萧索的秋冬也依然翠绿如新，所以，在竹林丛生的远古时代，竹引起了先民们丰富的联想。他们将竹视为神物，认为竹具有永恒的生命，能够超乎季节变换。而庄子更是将竹视为"鸾凤之食"，认为竹是吉祥灵异的植物，竹茂盛则凤凰至，凤凰至则平安来。民间则将"竹至死不变节"的品性沿用在婚嫁上。

这种思想的衍生之下使竹逐渐演变为宗教、民俗祭祀礼仪中的"礼器"。伴随着竹的"礼器"时代的诞生，竹也同时跨入了"乐器"时代。竹子作为最早的生产工具之一，最早参与了远古时期诗、乐、舞三位一体的民间祭祀活动。竹笛、竹号、竹板、笙、箫等都是以竹为制作材料的乐器。因此竹也被称为古代音乐的"八音"之一，甚至用"丝竹"统称音乐。

（二）竹与人文

中国历代文人雅士爱竹尤佳，赞其"未出土时便有节，及凌云处尚虚心"，以此比喻品质气节、喻事明理、抒情言志。唐宋以来，竹子与梅花、松树并称为"岁寒三友"，明代则把"梅、兰、竹、菊"比作"四君子"。画家们都借画竹得以象征与表现，并构成别具一格的简淡逸远的绘画风格。竹的虚心、高洁、耿直、坚贞等情志和思想构筑成清新淡雅的意象，显示出幽静柔美的意境和审美情趣。在此阶段，竹已经被幻化成具有君子形象的人格境界。文人墨客们将竹自比，竹已经不是君子的参照物，而就是君子本身。

三、竹文化与传统审美观

中国传统审美观的美学思想中最为重要的就是强烈的伦理道德观念、含蓄内敛的美的标准以及天人合一的自然审美思想。

"天人合一"的审美观最主要的表现是"比德"的审美理论以及"畅神"的审美观。中国传统竹文化中非常重要的一个方面就是将竹人格化，通过"比德"和"畅神"的审美观照方式，赋予竹人文精神和伦理美学。这正是中国传统竹文化中的"天人合一"观，也是中国古代审美观对竹文化广为推崇的原因之一。所谓"比德"，就是在审美心理上将自然形象与人的精神品质联系起来,从人的伦理道德的观点去看自然现象,把自然现象看作人的某种精神品质的表现和象征,通过赋予自然人格化来寻求人与自然山水间内在精神的契合。"比德"审美观形成了中国古代审美中的一种独特的精神倾向,也就是注重自然审美中的人伦精神和人文精神。

在中国历代文学、书画作品中都出现过以竹比气节,将自然现象中同人的某种精神、品质、情操有同形同构之处提炼出来,体现了孔子的为君子所乐的审美观,表现出人对自然美的精神上的共鸣与感应。而"畅神"审美观是"比德"的进一步发展。人们的审美视野由社会伦理被引向自然山水,从自然美中获得精神的超越,来摆脱人事的羁绊。此时,人们才开始以真正审美的眼光来欣赏自然。在中国的竹画和咏竹诗赋中,通过美感上的观照,以细致的观察和逼真的描写刻画,以超越现实之上的艺术方式来表现充满生机魅力的自然本性,"畅神"的审美观尽显其魅力。由此可见,中国传统竹文化与中国传统审美观相辅相成、互相促进,是互相统一的关系。

四、竹文化与现代设计

传统的竹文化经历了由自然属性到礼乐之器,进而化身君子形象的三个阶段,实现了由自然功能到宗教信仰,再到艺术修养,最终进化为人格理想的三种转变。由此观之,竹的文化属性逐渐取代自然属性,审美取向逐渐取代实用价值。在这样的审美流变思潮中,"竹"文化符号的实用功能逐渐虚化,而审美价值逐渐增强。这个过程真正体现了竹文化与中国传统审美文化的和谐统一。中国传统审美观的一大重要观点即与自然和谐共处的"天人合一"思想,历代儒家所提倡的"天人合一"实际上就是"天人相通""天人相类"。"天人相通"认为天与人不是相互对峙之物,而是息息相通的整体。"天人相类"认为天是人伦道德之本源,人伦道德来源于天。

传统的中国所追求的"天人合一"的思想深刻影响了中国传统的设计,更延伸至当今的现代设计。在设计中,除了人的自然属性的需求以外,更多的是强调一种内心的安慰和追求。当今许多设计大师,如原研哉的极简设计,拿掉不必要的商标,除去不必要的加工和颜色,简单到只剩下素材和功能本身,让人对其有一见如故的倾心之感。这正与竹的秉性不谋而合。对竹来说,只保留机能,不保留多余的形体,以此探索设计、人文的本源。

现代设计是文化艺术与科学技术相结合的产物,而艺术与科技又同属于广义的文化范畴。文化是人类社会历史实践过程中所创造的物质文明与精神文明的总和,具有不可逆的传承性。"竹"符号文化的实用功能逐渐虚化、审美价值逐渐增强的过程正体现了设计所追求的艺术与技术统一的包豪斯精神。

竹文化是"竹制物、以竹为表现对象的文化形式和文化心理的总和"。从竹的自然属性来说,竹也不失为一种良好的设计材料。

首先,中华竹文化是一种景观文化,从原始人竹木结构的"干栏式"居宅到汉代的竹宫、宋代的黄冈竹楼、清代的粤西竹屋，以及现代傣族人的竹楼，这些都是用竹建造的著名竹建筑。各大古园林景观乃至当今的环境设计都可见竹的踪迹。

其次，竹以其易弯易折和顽强易生长的物理特性以及生态环保的特点，符合可持续的现代设计原则，在家居市场有着一席之地。在现代设计的发展之下，技术使竹材可以与一些很现代的材质及风格搭配。与传统的竹制品相比，现代竹制设计品，在功能上进行过改良和拓展，在材质和工艺方面也更多样化。竹与现代设计的结合使其在设计的舞台上有了更广阔的发展。

"宁可食无肉，不可居无竹"，苏轼所言甚是。竹文化对现代设计的影响是深远的，而唯有依附现代设计的发展，竹文化才能得以世代延传。

第二节　中国传统家具结构对当代设计的启示研究

明清家具在中国乃至全世界的家具历史中都占有极其重要的地位。明清家具之所以名扬四海，和它结构严谨、结实耐用的特点是分不开的，这也是其精髓所在。作为中国明清家具突出特点之一的榫卯结构，是几百年来中国古典家具的灵魂所在，其深刻的文化内涵、科学合理的结构、高超的加工技术以及内敛厚重的人文艺术等无不令人叹为观止。笔者在对明清家具榫卯结构的探讨与研究过程中，不禁感叹古人在结构设计中展现出的大智慧，同时也领悟到榫卯结构深厚的文化内涵和对中华民族精神的弘扬。这些对于启发现代设计思想更是有着重要的借鉴意义。

榫卯结构是通常在实木家具相连接的两构件上采用的一种凹凸处理的接合方式。榫卯结构作为中国传统家具的精华，是中国最早具有科学设计意义的语言，这一古老的结构可以追溯到公元前5000年至公元前3000年的河姆渡时期，先祖们为了造木房灵机一动而产生可拆卸的创意。榫卯结构比起汉字发源更早。在中华民族的历史上，榫卯结构如同汉字的发明源远流长、自成体系，经历了各代能工巧匠的不断创新，基本形制有近百种，且派生极多。中国传统家具能够保持几百年而依然牢固，皆归功于榫卯结构的巧妙设计。在明清家具的制作过程中，几乎用到了所有榫卯种类中的精华，展现了榫卯结构进化的最终样式。

如此多种类的榫卯结构，按照作用来归类，大致可分为三大类型：一类主要是面与面的接合，也可以是两条边的拼合，还可以是面与边的交接构合，如"槽口榫""企口榫""燕尾榫""穿带榫""扎榫"等；另一类是"点"的结构方法，主要用作横竖材丁字结合、成角结合、交叉结合以及直材和弧形材的伸延接合，如"格肩榫""双榫""双夹榫""勾挂榫""楔钉榫""半榫""通榫"等；还有一类是将三个构件组合一起相互联结的构造方法，这种方法除运用以上的一些榫卯联合结构外，都是一些更为复杂和特殊的做法，常见的有"托角榫""长短榫""抱肩榫""棕角榫"等，具有以下特点。

一、设计合理性

中国传统家具中的榫卯结构不同于其他的手工艺品，如玉石、木雕、石雕等，榫卯结构不是为了装饰而存在，它的每一个凹凸，每一块木料，都有其存在的合理性和必要性。家具设计不仅要满足家具的美观性，还要足够结实耐用。从力学的角度来看，古人们在设计家具时，追求将受力均匀地分散到每一块木料上。在一些复杂的榫卯结构中，一块木料与多个角度多个方向的木料相接，意味着这块木料要承受来自不同方向的力，这就要求木匠们对于结构的把握非常熟练并且精确无误。物尽其用，不多不少恰到好处，这样既能节约用料，还能保证物件的牢固可靠，充分体现了古人对绿色设计和生态设计的理解。例如，四方桌的榫卯结构，每个腿必须跟腰部牙板成45°立面相交，而腿的顶部又必须做出两个精确的榫头与桌面大边和抹头相接，大边和抹头又必须做复杂的阴阳套榫自身相接，然后再做两个卯眼与腿柱榫头相接，面板又通过穿带使其受力均匀到天边抹头，然后再集中到腿柱，这样的结构受力非常合理。另外，从美学的角度来说，每个榫卯结构都跟随家具本身造型而设计，无论是把榫卯结构暴露在外（明榫）还是隐藏在内（暗榫），都设计得很合理到位，没有多余的装饰，去掉所有累赘，简洁质朴，加上木材本身带有的肌理，整件家具呈现一种和谐的、刚中带柔、柔中带刚的美感。无论是造型、结构、材料，榫卯结构都体现出一种理性的平衡之美。

二、设计实用性

榫卯结构的一大特点就是实用性极强。采用榫卯结构的家具结实耐用，拆卸方便，便于运输和维修，并且可以重复利用。榫卯结构充分利用木材本身的特性，少用胶不用钉，运用自然接合的方式，经过工匠的精心设计和制作，成就了它结实耐用的优点。一个方向的榫卯，由于木材水分变化，会不断地收缩和膨胀，用不了多少年就会自动松脱。而不同方向嵌接的榫卯，胀缩的作用力会互相抵消。当多个榫卯组合在一起时，就会在复杂微妙的变化中达到一种平衡与和谐。地震之时，当砖石建筑纷纷倒塌之际，木材却因其特有的柔韧性和延展性，使榫卯跟着地面的震动而变成绵延起伏的木浪，涟漪过后，又恢复平静。与此同时，得益于自然接合的方式，榫卯结构具有非常好的可拆卸性，几乎所有的榫卯家具都是在运输到目的地之后再就地组装，并且装配过程简单迅速。笔者亲身经历，一张榫卯结构的木床在短短几分钟内被拆卸成多个部分后捆绑搬运到目的地，重新拼装完成也只需十几分钟的时间。这一点充分体现了古人对绿色设计、生态设计的追求。在社会高度现代化的今天，这种散件组装的方式既提高了产品零部件的标准化程度，便于运输，又克服了南北湿度差异较大的不利因素，使家具更加牢固，并在产品报废后仍可充分有效地回收和重用，从而达到节约能源、减少浪费、减少污染、保护环境的效果。这也时刻提醒着设计师们在设计产品时，不仅要关注产品的生产和使用，产品拆卸、回收和再利用同样重要。正如全球最大的家具制造生产商宜家家居（IKEA），以其简洁的设计、绿色环保的材料和方便拆卸运输等特点，受到广泛青睐和好评。

三、注重内涵

中国传统家具的榫卯结构中透露着一种简约的现代美。欣赏榫卯，不像欣赏家具的外表那么容易，它是一种隐藏在家具之中的理性、内在、神秘的抽象符号。这种设计风格的家具乍一眼看，似乎其貌不扬，但是却有着赏心悦目的内涵，摒弃了繁复的装饰和花纹，剩下的是极简主义下的结构美和简约美。将榫卯结构拆解开来，隐藏在简洁下的复杂与精致就展现在世人眼前，每一个凸起和凹陷都恰到好处，组合在一起可谓是天衣无缝，充分体现了工匠聪明的头脑和精湛的技艺。而更深层次的是，它体现了阴阳结合、刚柔并济的传统造物思想。这样的设计很容易让人联想到举世闻名的瑞士名表，"麻雀虽小，五脏俱全"，表壳里隐藏着成百上千个运转流畅的精密齿轮。而被设计界普遍认可的北欧设计的设计思想似乎也与中国古人的思想不谋而合，两者都推崇简洁和富有内涵的设计。这也正是现代设计的一大趋势，用精密复杂的内部结构来支撑极简的外部造型，让使用者能够拥有最好的产品体验。不过令人遗憾的是，我们看到很多产品恰恰违背了这一趋势，过分地追求外观造型而忽视产品内在的功能和用户体验，成了一副空壳子。

四、贴近生活，以人为本

相比那些华丽的玉石、精美的瓷器等，榫卯结构并不是贵族的专利。可以看到很多日常使用的木质家具都采用榫卯结构制成，这是一项在民间非常普及的技艺，其设计风格也是朴素的、简洁的，抛开宫廷贵族式的华丽，用途也更平民化。桌椅凳床这些平日里随处可见的东西，恰恰凝聚了匠人的大智慧，每一块木料的长度、位置，都经过他们的悉心考究，虽没有现代发达的高科技但也准确无误，使用起来也是得心应手。设计不应该总是天马行空的想象，更多地应该去观察探索生活中的细节，感悟生活才能发现生活中需要什么。

"榫卯"的意义不仅在于它对家具本身的贡献，还在于"榫卯"本身所体现出的平衡、和谐、简约的内在气质与涵养，在"凹"与"凸"的矛盾之中演绎出更深层次的人生观和哲学。榫卯带给我们的生态观、和谐观和实用观等，都是值得现代设计学习和借鉴的。榫卯，作为一种关系的形式，蕴含有"和谐有序"的意义；作为一种系统的表现，蕴含有"周全稳妥"的意义；作为一种精神的体现，蕴含有"内敛恭谦""诚恳朴实""温文尔雅"的意义。

第三节 "回青瓷"审美艺术对当代设计的启示研究

在我国长期的历史发展进程中，回族人在各方面都做出了杰出贡献。回族素以手工业技术闻名于世。从明代开始，回族精湛的制药、制香、制革、制瓷技艺就已驰名中外。回族制造的青瓷被称誉为"回青"，以精致高雅而著称。"回青瓷"在制作工艺、色料选择、式样造型和图案装饰上均能体现出回族人高超的智慧和严谨的态度，以及对真、善、美的追求，同时也满足了人们的审美需求。

一、回族的制陶工艺

明代瓷器之所以在中国陶瓷史上大放异彩，是回族人起重要作用的结果。中东国家的陶瓷工艺，在世界陶瓷艺术史上占有重要的地位。在历史上，阿拉伯人、波斯人很早掌握了陶瓷上彩上釉的技术，后来又将波斯人烧制五色琉璃的技巧加以改进，在世界上开拓了彩瓷加工法，取代了传统的镶嵌细工。此后他们还发明了青花瓷，这些工艺先后被早期回族人带到了中国。到了明代，随着对外文化交流的发展，回族人进一步引进了产于波斯一带的"苏麻离青""回青""霁红料"等色料以及瓷器的式样造型，如汤瓶、抱月瓶、长颈方口折壶、天球瓶、八角烛台、长颈水罐、仰种式碗等。明王士懋《窥天外乘》载："永乐、宣德内府烧造，迄今为贵。其时以鬃眼甜白为常，以苏麻离青为饰，以鲜红为宝。"这是有关苏麻离青最早的记载。

二、"回青瓷"的审美文化

回族及其穆斯林先民留存的瓷器，元代以前较少，明代时期较多。瓷器和金属器的器型相似，主要有盘、碗、壶、瓶、饰盒、墨盒、罐等。这些器物的器型及其装饰图案具有鲜明的民族文化的审美特征。回族人在其烧造的"回青瓷"上开始使用回文（阿拉伯文、波斯文）和梵文作为装饰图案。繁复的缠枝图样和变幻无穷的几何形纹饰，更成为回青瓷不可缺少的装饰。

回族纹样中植物纹样的大量使用，突破了原来的形式，避免创作人物或动物的具体形象，或对其进行抽象化的处理，充分地表现抽象思想内容。这种创作方法被大量地运用到瓷器装饰上，出现了繁复华丽的卷草纹、藤蔓纹、几何纹、回族花纹等。

回青瓷还有一种独具特色的表现形式，就是将阿拉伯文书法作为图案运用到瓷器中，成为识别回族瓷器的重要标志。这种书法纹饰丰富多彩，有各种字体，多为以库法体为主书写的《古兰经》经文，也有用纳斯赫体和苏鲁斯体书写。在这些书法周围饰以植物纹饰，共同结合构成回族瓷器特有的装饰纹样。这种以阿拉伯文书法、花纹等构成的图案统称为"回族花"。在明代回青瓷器中，以"回族花纹"为饰者甚多，如"回族样结带如意""回族花果""回族缠枝宝相花"等。

回青瓷审美艺术形态的形成是由多方面因素造成的，自然崇尚与自然美意识是其最根本的成因。自然界是人类永恒的物质和精神对象，也是宗教信仰的第一个对象。从瓷器的纹饰纹样中我们可以看到，大量形态各异的植物纹饰的应用，体现了回族人的自然美意识和对自然界的宗教情感。从回青瓷的审美艺术中，我们也可以看到回族的民俗审美特点。

回青瓷审美文化的宗教因素与民俗审美特点是一脉相承的，其宗教因素促成了民俗特点的文化形成，而纹饰的民俗特点则深刻体现了其宗教方面的思想内涵。二者的有机结合，构成了回青瓷中纹饰文化的民族个性。

回青瓷器的外部形态有着独特的造型艺术，它的审美特性常常直接表现在其自身所具有的造型美。这与回族的民族属性有关，回青瓷的器形有许多是仿伊斯兰金器和玻璃器形的。明代初期为了适应对外政策和海外贸易的需要，便生产了大量带有西域风情的青花瓷器，景德镇明永乐青花无挡尊便是这一时期的代表作品。此时回青瓷就已经成为与中亚地区及阿拉伯国家有着大量往来的贸易商品，造型独特的回青瓷受到了国内外不同阶层的喜爱。这种形式美的愉悦已经作为一种"象征符号"，使人们对回青瓷有着更为深刻的印象。

无论从回青瓷造型上，还是纹饰纹样中，我们都可以看到回族人的智慧之美。这种智慧之美是受伊斯兰美学思想和艺术观念的影响。在艺术观念方面，把抽象和思辨的性质巧妙地融进作为审美对象的艺术作品中，因而表现出回青瓷独特的审美风貌。回族人在进行艺术构思和对艺术表现形式进行选择时，也无不受到"智慧观"的深刻影响。伊斯兰艺术对几何图案的重视，对书法艺术的专注，也与伊斯兰精神中的"智慧观"有着一定的联系。图案纹饰和书法都是抽象性、装饰性艺术，变形和反复手法成为回青瓷纹饰的主要特征。变形和反复把艺术表现与理智和抽象性结合了起来。这些使回青瓷仿佛蕴含着一种哲理，给我们很深的印象。

回族在制瓷上有两大贡献：一是发现了苏麻离青这种原料；二是在瓷器中将回族花纹与中国传统的松、竹、梅、龙、凤等吉祥题材巧妙地结合起来，制造出了大量闻名于世的回青瓷器，使明代瓷器的制造工艺达到了艺术巅峰。

回族的价值观大体可以理解为对真情、自然、平淡美的追求。他们对美的观念有着更多更深奥的内涵。美的特性和与之相关的一些要素，如次序、比例、整体的和谐及对称，是美的非凡属性的表现形式。

总的来说，回族瓷器装饰纹样的元素主要包括各类回族装饰纹样、图案，这些视角元素既传承了伊斯兰装饰图案的风格，又吸收了汉民族传统图案的构成规律，将自然、宗教、人文有机地融合，营造了回族的艺术活动和审美趣味，形成了具有独特装饰效果的回族瓷器风格。

第四节　流散中的客家审美文化对当代设计的启示研究

作为一种独特的民俗审美文化，客家审美文化与它的表现形式的来源和象征意义，体现了客家人在流散迁徙以及安居的过程中历史记忆与集体意识的文化交融。它更是一种生于独特背景和环境中的独有的设计风格。

一、客家审美文化现状

自炎黄大战有史记载以来,南下的中原人抑或汉人,他们大都与所在地融合,成为粤人、闽人、湘人、赣人——均以地名作为其方言或民系的命名。然而,独有的客家人,却始终是"处处无家处处家",常被视为"客",他们的道德观、价值观、人生观乃至审美观,也与当地人大相径庭。

本来,客家先民在中原以士族为主体,有较高的文化素养,其内化或社会化了中原文化的价值观念、行为规范与生活方式等。然而,由于灾荒以及灾荒导致的战乱,他们抛离了故园,到了另一种文化环境中生存。在顽强地坚守原有的文化边界之际,为了适应新的环境,不得不去接受新的文化的价值观、行为规范与生活方式。正是在这漫长的过程中,生发出了强烈的自我意识,产生出一种自由独立极具优势的新文化。

要研究客家文化史的演进,不是仅仅以经济的变迁能解释得圆满或完全的。五彩缤纷、凄美悲壮、催人泪下的历史进程,不是可以量化或化作冷静的数学模式的,不可能以实证主义的方法来回答历史之谜。在客家这么一个民系的形成和发展过程中,其文化心理、时代精神以及承传的来龙去脉,尤其是其价值系统、审美取向等,这些超越功利的情感需要及其基本模式,是研究客家文化脉络的精髓。

一方面,客家人的民族特性来源于客家人在艰难的拓荒之中,既继承了来自中原的古汉人的美德,也形成了他们新的伦理观,重义轻利、助人为乐、豪爽好客……以上种种,使得客家人作为一个民系,在整个中国地域文化中拥有可贵的美名。

另一方面,客家民系相对自由发展(当然这是以付出苦难为代价的),脱离中心的束缚而获得的自主,却又相对隔离在当地文化的圈子之外。也因此,其生命才得以蓬勃旺盛地滋长。自然,这种"边缘状态"是处于历史与空间的双重存在,也就更让人体味出生命的分量。

因此,客家人的生命,始终是依赖于这种边缘状态才得以继承。迁徙、流浪、漂移不定,可以说是这种边缘的形而下的表述。

"边缘"的含义,其实还要更深邃一些,也更广泛一些。"边缘"在其意义上暗示某种文化的延伸与拓展,一个模糊的大空间及相对的历史的延续期,甚至是一种生命强力的辐射范围。它是一种强大的文化的外围,也是脱离轴心束缚力的自由空间,顺理成章,这种边缘化的客家文化铸就了客家特异于其他环境的审美文化。

细谈客家的审美文化,应当从客家人对建筑住宅、手工艺品等造型艺术的把握说起。造型艺术可以说是心灵的外化。客家人的土楼、围龙屋,是凝固的音符,是立体的交响诗,是一门空间的艺术。如果再加上客家人的石笔、石楣杆,尤其是远近闻名的石雕这一客家人的祖传技艺,可以说,包括建筑在内,客家人的造型艺术几乎是一种天赋。

二、客家审美文化的传承与创新

客家文化传承说，最早可以追溯至魏晋时期。那是一个"精神大解放，思想大自由"的时期，但对于早期客家人来说，那也是人生最苦痛的时代，正是那时他们被骤然抛离出正常的历史轨道，被迫开始了万里长旋、千年迁徙。于是出发前的文化记忆，也就在那一刹那定格。

从客家民居居住形式来看，无论是圆楼、方楼、角楼，还是围龙屋，均给人一种"围"的印象。位居而生的客家生活形态，来源于汉魏之际社会经济变动所催生的由贵族社会取代官僚社会的新的生产组织形式——庄园。早在三国鼎立之际，庄园在战乱中已渐渐发展为具有军事色彩的坞堡。显然，这是由于居家避难、聚族自保而形成的进一步的居住方式。这种庄园、坞堡的居住方式被客家人带到了南方的深居之处，成为与外界来往甚少的相对封闭的小社会。"围"也使得聚族而居的客家人讲义气、重人情的风俗稳定地保留了下来。

从客家民居居住文化来看，客家民居极注重"风水"。客家民居讲究室内外空间的渗透与交融，追求人工与天然的统一和谐。比如，土楼与围龙屋，与周围的大自然形成一种和谐气息，背衬的逶迤群山及面对的田园风光与建筑物浑然一体。走进土楼或围龙屋，回环的游廊形成了或圆或方或弯月的天空，宛如进入了八卦图中。客家民居的另一特色是"水"的元素在空间布局中的加入。中国传统文化中，水的形而上意义几近于"道"，其世俗意义又是财富的象征。所谓"风水之法，得水为上"，客家人遵从传统堪舆法与风水观，相信门前有水财源茂盛，肥水不外，四水归堂。这种积富蓄贵、柔韧强生的意识，也与其历来奉行中原正统及士族后裔衣冠门第观有关。

从客家流传的造型艺术形式来看，客家的造型艺术文化多被赋予美好的愿景和寓意并以此为基础。比如，闽粤客家人的石楣杆，又称古旗杆、石笔，形状与"华表"有相似之处，但作用不同。石楣杆是为了激励人们成才立业、造福桑梓而造的。旧时在闽粤客家人聚居的不少家庙、祠堂或祖屋前，都屹立着富有地方色彩的石楣杆。这些"楣杆"是当地人将条石凿成方形或圆状的石柱，然后在石柱上雕刻龙凤等吉祥的装饰物品。可以说，石楣杆是旧时客家人崇文重教的象征，凡考取功名或者对家乡做出重大贡献的人都可以在祖屋和祠堂前竖立石楣杆，以光耀门楣，激励来者。又如客家盛传的花灯文化。千姿百态的花灯造型各异，花灯艺术所反映出的文化内涵，主要体现于历史传统和民族特色中，符合、适应于人们的审美意识和美学趣味。①舞龙灯，人们以龙的传人自喻，一是节日舞龙，以标志庆；二是祈愿生殖繁荣，人丁兴旺。②清流县沙芜乡一带，人们正月里有到去年添丁的家户"享丁"喝酒、舞龙祝贺的习俗；将乐、泰宁一带，每年正月舞龙拜年时，龙进厝中，年轻妇女有剪（抢）龙须的习俗，祈望来年吉祥添丁，人丁兴旺。③闹花灯，大田县太华镇一带，人们认为闹花灯就是企盼生孩子；将乐县万安镇一带，人们在制作花灯时，将托架制成"丁"型，意喻添丁，家族人丁兴旺。

从古至今，寄情于物，情与物代代传承，潜移默化地影响着人们的思想和感情，并形成自己的特色，究其原因，正是客家特定的地理环境、历史文化和社会条件等形成的民族风俗习惯使然。

在岁月的长河中，客家人不但继承了先人优良的传统文化，更是与时俱进地不断去粗取精，文化结合环境，因地制宜，形成了自己独树一帜的审美文化风格。

三、客家审美文化与设计

客家人追求设计与环境相融合，以达到"天人合一"的目的。人总是为生命、生存、生活而积极活动，在活动中保持人际的和谐、人和自然的和谐，即所谓"天人合一"。客家人从迁徙到分居各处直至安居乐业的过程中都没有忘记这一设计准则。他们吃苦耐劳却对自然多是赐予、多是奉献，而较少索取，所以，客家人才自由，才不受制于人。他们追崇自由却不与人为敌，守着自己的一亩三分地合理创造。在安居的过程中，他们巧思妙想，创造出符合族人特殊需求又不与自然相违和的建筑形式。他们强调将建筑融入环境，与之相互衬托，追求理与情的统一。一如门前长方形的禾坪，禾坪前半月形的池塘，后面的花坛，这样，由建筑、山水、花木寄情托性组合成颇具诗情画意的画面，体现着一种有情的感性色彩。又如门口的红色对联和窗户上的各色窗花，又是一曲和谐的交响乐，既有激情澎湃的旋律，又有委婉舒缓的乐章，将理性与感性完美地结合在一起。这种创作思维不仅呈现出极为多样化、多层次的独特审美形式的融合，又成功地完成了它的建筑任务。

四、客家审美文化对当代设计的启示

客家民居和工艺文化是一种"生活在别处"的族群性设计。走进客家民居和工艺文化，我们看到的是风格突出的设计实体，置身其中感受之后，再走出实体的束缚，可以看到客家人对一种身份认同感的追求。

历史上黄河平原上的中原人，南迁边陲山地，在生存条件改变的情况下，尽管融合了地缘文化和当地风俗，但终究难舍其本体文化。在承续血缘伦理与聚族而居历史传统的同时，于精神层面，变位居为家族聚会、礼教文化场所。无论是建筑工艺、木雕壁画、楹联牌匾，还是饮食起居、行为方式，从一砖一瓦到空间流转、山水共融，所有栖居意境，处处显现着客家人固有的文化与内涵，及其"生活在别处"的族群特性。

人类不同区域的文化特征，乃是其先民为在该环境中得以生存所采取的行为方式的总结。而行为方式总是由其与生计活动相关的一套价值标准、道德规范、礼仪习俗、审美原则所构成的族群特征的核心文化，和受条件影响而产生变化的次要文化共同构成。客家人与他们生活息息相关的一切形成了一种特定的"生活在别处"的族群性设计。对我们研究设计的人来说，族群性的设计更富有研究意义。研究其来源的文化依据，对比其设计的表现形式，更能体味文化与设计的息息相关性。

在文化资本化的今天，人文价值的普遍分享已是必然。从耗散理论来看，文化"流散"，亦即"生发"。在本地与本土、海内与海外人文大流转、大互动的时代，最真实的现况就体现在我们从一个地方穿越到另一个地方，作为一个离散和始终在迁徙的民族。这正是我们生活最深处的连续性，我们正要带着这份连续性贯穿设计和设计研究的整个过程，设计方能不离开生活的本质，流散便是长存。

参考文献

[1] 孙德明. 中国传统文化与当代设计 [M]. 北京：社会科学文献出版社，2015.

[2] 袁熙旸. 中国现代设计教育发展历程研究 [M]. 南京：东南大学出版社，2014.

[3] 贾朝红，张茹. 铜鼓文化与现代设计 [M]. 上海：复旦大学出版社，2016.

[4] 席跃良. 西方现代设计赏析 [M]. 北京：中国电力出版社，2011.

[5] 寻胜兰. 源与流 传统文化与现代设计 [M]. 南昌：江西美术出版社，2007.

[6] 杜晓静. 风筝 [M]. 长春：吉林出版集团有限责任公司，2013.